KB267658

요리가
즐거워지는
새미네부엌
레시피

요리가 즐거워지는 새미네부엌 레시피

새미네부엌 지음

아이 부모, 신혼부부, 1인 가구 모두를 위한 요리 초보 가이드!

샘표의 우리맛 연구 노하우로 만든
새미네부엌 플랫폼 속 베스트 메뉴를 한 권에 담았어요.
QR코드를 통해 800가지 요리 솔루션까지 함께 만나보세요.

시원북스

요리가 낯선 당신을 응원하며

요리를 잘하고 싶은데, 시간은 오래 걸리고, 잘하는 사람을 따라 해봐도 맛은 없고,
뭐부터 해야 할지 몰라 시작부터 주저하게 될 때가 있죠.
누구나 요리를 더 쉽게, 그리고 더 즐겁게 할 수 있다면 얼마나 좋을까요?
맛있고 건강한 요리, 꼭 어렵고 복잡해야 할까요?

샘표는 80년 넘게 장醬을 만들고 우리맛을 지켜오면서
늘 이런 고민을 안고 요리를 연구해 왔어요.
샘표의 우리맛 연구원들은 수백 번, 수천 번에 걸쳐
다양한 식재료, 조리법, 양념을 비교하고 실험하며
누가 만들어도 맛있고 즐거운 요리 솔루션을 찾고 있답니다.
제철 재료로 신선하게 만들고, 기름과 설탕은 줄이고,
간은 짜지 않게 조절하면서 더 맛있게 요리할 수 있도록 말이죠!

우리가 직접 요리를 하면
배달에 쓰이는 일회용기를 줄일 수 있어 환경에 도움이 되고,
사랑하는 사람과 함께 요리하고 나누는 시간이 늘어나
더 많은 대화를 만들고, 마음까지 가까워지도록 해주죠.
요리는 우리들 사이도, 지구도 조금 더 따뜻하게 만들어준답니다.

이런 요리의 즐거움을 모두가 누릴 수 있도록
‘새미네부엌’(www.semie.cooking)이 탄생했습니다.
새미네부엌 플랫폼의 800여 개의 요리 솔루션과 레시피 중
특히 많은 사랑을 받은 대표 레시피들만 엄선해 이 책에 담았습니다.
요리와 친해지려 노력하는 당신께 새미네부엌이 든든한 첫걸음이 되어드릴 수 있기를 바랍니다.

자, 이제 함께 요리를 시작해 볼까요?

요리가 낯선 당신을 응원하며

첫째, 좋아하는 요리부터 시작하세요.

좋아하는 일은 더 알고 싶고, 더 잘하고 싶고, 더 나누고 싶은 법이죠.

좋아하는 요리를 만들면서 요리 실력이 함께 성장할 거예요.

둘째, 실패해도 괜찮아요.

요리. 실수도, 실패도 OK! 좌절하지 마세요.

그 실패 자체로 추억이 되기도 하고, 꾸준히 실패하다 보면 곧 성공하는 날이 반드시 오니까요!

셋째, 쉬운 요리도 훌륭한 요리입니다.

요리는 굳이 어렵게 만들 필요가 없어요.

요리 단계가 적어도 맛을 낼 수 있고, 쉽게 만들었다고 맛없는 요리가 되어버리는 것도 아니니까요.

어떤 요리든 더 쉽게 나만의 요리를 완성하셨다면 칭찬해 드릴게요!

넷째, 요리를 '놀이'처럼 생각해 보세요.

만들 요리를 고르고, 재료를 손질하고, 칼질하고, 계량하고,

끓이고, 볶고, 발효하는 모든 과정에서 재미를 찾아보세요.

놀이 시간에 느꼈던 즐거움을 매일 느낄 수 있는 곳, 바로 여러분의 부엌입니다.

새미네부엌의 새미 드림

이 책을 활용하는 방법

첫째, 쉽고 재미있는 요리에 초점을 맞췄어요.

일상의 요리는 장기전이죠. 매일, 오래 요리할 수 있도록 쉽고 재미있게 요리하는 것이 가장 중요해요.

둘째, 요리 과정과 시간을 최소화한 레시피를 담았습니다.

같은 목표가 있다면 더 쉽게, 더 빠르게 완성할 수 있도록 요리하는 과정과 시간을 최소화했어요.

셋째, 재료 본연의 맛을 살리는 레시피를 담았습니다.

식재료가 가진 맛을 최대한 끌어올리고, 재료들 각각의 맛과 밸런스를 맞출 수 있는 레시피들로 구성했습니다.

오늘은 어떤 요리를 만들까요?
요리명과 요리의 킥을 함께 알려드리니 마음에 드는 요리를 골라보세요.

새미의 계량으로 요리하는 양과 시간을 확인해 볼까요?
몇 명이 먹을 수 있는 요리인지, 준비 과정과 조리 과정에 필요한 시간은 어느 정도인지 미리 체크할 수 있어요!

필요한 재료와 조리도구 팁을 한 눈에!

주로 필요한 주재료와 생략 및 대체 가능한 부재료, 특별하게 필요한 재료와 조리도구를 나누어 정리했어요. 먼저 집에 있는 재료들을 확인해 요리를 시작해 볼까요?

조리 과정은 5단계 이하로 쉽게!

복잡한 과정 대신 쉽고 간결하게! 요리하는 과정은 최대 5단계를 벗어나지 않아요. 중간중간 새미가 드리는 TIP도 꼭 확인해 보세요.

왜 그럴까? 요리 솔루션까지 확인해 봐요!

요리를 완성하는 데 필요한 기초 정보나 알아두면 좋은 요리 관련 정보를 하나 더 알려드려요. QR코드를 활용하면 더 자세한 정보를 확인해 볼 수 있답니다.

요리 기본 다지기
– 요리를 시작하기 전 알아두면 좋아요!

계량하는 법

집에 있는 도구로 쉽게 할 수 있는 기본 계량법을 소개합니다.

숟가락과 종이컵만 준비해 보세요!

책에 사용된 대부분의 계량에 숟가락과 종이컵을 활용했어요!

1. 숟가락 계량법

액체류(간장, 연두, 물, 오일) 1스푼=약 10g

흐르지 않을 정도로 가득 담아주세요.

가루류(설탕, 소금) 1스푼=약 8~10g

장류(고추장, 된장) 1스푼=약 10g

가루류와 장류는 숟가락으로 퍼 올린 다음, 손 혹은 다른 숟가락으로 위를 한 번 정리해 담아주세요.

2. 종이컵 계량법

액체(물) 1컵=약 200ml / 소스 및 오일류(간장, 연두, 식용유 등) 1컵=약 200g

가루류(설탕, 소금) 1컵=약 160g / 가루류(밀가루) 1컵=약 100g

장류(고추장, 된장) 1컵=약 200g

1컵을 채울 땐 종이컵 위로 넘치지 않게 담아주세요.

1/2컵을 넣을 땐 종이컵의 반보다 0.5cm 정도 높게 넣어줘야 해요.

헷갈리는 조리 용어

요리할 때마다 헷갈리던 용어들이 있었나요?
요리의 상태를 표현하는 대표 용어들을 살펴보고 요리에 적용해 봐요

1. 한 꼬집, 정확히 얼마일까?

소금, 설탕 등의 재료를 엄지와 검지 손가락 끝으로 집을 만큼의 분량을 말해요.
한 꼬집의 양은 1g도 안 되는 극소량이기 때문에 중량의 단위로 표현하기 어렵죠.
약간의 밑간을 하기 위해 극소량의 양념 등이 필요할 때,
'한 꼬집'이라는 표현을 사용할 수 있어요.

2. 한소끔, 어느 정도일까?

재료를 넣고 물이 한 번 바글바글 끓어오를 정도의 모양을 뜻해요.
불의 세기, 냄비의 크기 등 조리 환경에 따라
끓어오르는 데 소요되는 시간이 각기 다르다 보니,
'한 번 끓어오르는 상태'까지를 표현하기 위해 사용해요.

3. 한 김 식히기, 얼마나 기다려야 할까?

불 위에서 가열되고 있는 요리를
'손을 댈 수 있는 정도, 먹기 뜨겁지 않을 정도'의 온도로 식히는 것을 뜻해요.

물어보기 애매했던 알쏭달쏭 레시피 용어와 조리법
더 자세한 정보를 확인하고 싶다면?
새미네부엌 플랫폼에서!

간장 ❶❷❸❹

구수한 향과 짠맛, 감칠맛을 내는 양념.

국과 나물 요리에는 **국간장(맑은조선간장)**, 볶음, 조림, 찜에는 **진간장**, 볶음, 무침, 소스 등에는 **양조간장** 등 요리에 맞게 간장 종류도 다르게 활용하면 좋아요.

요리에센스 연두 ❺❻

콩을 발효한 발효액에 야채를 우려낸 순식물성 요리에센스로 요리에 간이나 맛이 부족할 때 사용해요.

요리에 따라 연두순, 연두진, 연두청 양초 등 다양하게 종류를 선택할 수 있답니다.

된장(토장) ❼

음식에 깊은 감칠맛과 구수함을 더해주는 양념.

된장도 만드는 재료, 제조 공정에 따라 다양한 종류가 있지만 새미는 간장을 분리하지 않아 더 고소하고 담백한 감칠맛을 담은 **토장**을 주로 사용해요.

고추장(조선고추장) ❽

매콤하고 달콤한 풍미로 한식의 포인트가 되는 양념.

새미는 잘 발효된 메주와 쌀발효 조청으로 구수한 깊은 맛과 고급스러운 단맛을 느낄 수 있는 **조선고추장**을 주로 사용해요.

설탕, 요리당 ❾❿

요리에 단맛을 내는 재료.

단맛과 함께 전체적인 풍미도 조화롭게 해줘요.

소량으로 강한 단맛을 더하고 싶다면 **설탕**, 끈적한 점성과 단맛을 더하고 싶다면 **올리고당**과 **물엿**, 향미와 단맛을 더하고 싶다면 **매실청** 등 **요리청이나 꿀**, 건강과 칼로리가 걱정된다면 **대체당**을 사용해 보세요.

소금 ⑪

요리에 짠맛을 올려주고 싶을 때
혹은 재료의 수분을 빼거나 밑간을
할 때 사용하는 재료.
천일염은 바닷물을 자연건조해 입자
가 큰 소금, **꽃소금**은 천일염을 물에
녹여 순수한 소금 결정을 추출해 잘
녹는 소금으로 구분돼요.

깨와 후추 ⑫ ⑬

고소한 풍미에 씹히는 식감이 있어
음식의 마무리로 뿌려주거나, 양념
과 함께 섞어 사용하는 **깨**와, 재료의
잡내를 줄이거나, 요리를 먹기 전 맵
고 알싸한 향미를 더하기 위해 사용
하는 **후추**는 요리에 포인트를 더할
수 있는 양념이에요.

식용유 ⑭ ⑮ ⑯ ⑰

재료를 볶고 튀길 때 혹은 요리의 마
무리로 활용하기 좋은 재료.
특유의 맛과 향이 강해 요리의 마무
리, 드레싱 등으로 활용하는 **올리브
유**, 고소하고 풍미 가득 **참기름과 들
기름**, 향이 적어 두루두루 요리에 활
용하기 좋은 **포도씨유, 카놀라유, 해
바라기씨유, 콩기름** 등 다양한 종류
가 있어요.

식초 ⑱

요리에 신맛을 담당하는 재료.
식초를 만들 때 사과즙, 현미 등 재료
를 더하며 사과식초, 현미식초 등 풍
미가 다른 식초를 만들 수 있어요.

집밥에 꼭 필요한 기본 양념들!
어떤 종류가 있고 어떻게 활용하면
좋을지 더 자세히 알아봐요.

새미네부엌 ❶ ❷ ❸

누구나 쉽게 요리할 수 있는 혁명 아이템!

겉절이, 깍두기, 오이소박이 등 모든 양념이 한 팩에 들어 있어 바로 무치기만 하면 되는 **김치양념**, 멸치볶음, 잡채, 장조림, 수육 등 재료에 소스만 넣으면 끝나는 **반찬소스**, 피클, 냉채가 가능한 **초요리소스**와 이곳저곳 찍어 먹기 좋은 **딥소스**까지.

집에서 해먹을 수 있는 기본 반찬부터 메인요리, 김치까지 새미네부엌으로 한 번에 해결할 수 있어요.

연두링 ❹

자연재료를 굽고 우린 비법 코인육수, **연두링**.

연두링 한 알로 국물요리의 육수도, 조림&볶음요리의 맛도 더 깊고 진하게 만들 수 있답니다.

멸치디포리, 다시마표고야채, 황태와 무, 한우와 야채, 사골과 한우 등 다양한 연두링으로 취향 따라, 요리 따라 골라 사용할 수 있어요.

티아시아 ❺

아시아 미식요리도 손쉽게!

마크니, 푸팟퐁, 키마 등 전 세계 유명 커리 부터 베트남 쌀국수, 태국 팟타이, 발리 나시고랭 등 아시안 쿠킹소스, 난과 월남쌈, 라씨까지.

정통 아시안 푸드 소스들로 식탁을 새롭게 즐길 수 있어요.

차오차이 ⑥

중화요리도 집에서 해먹자!
다양한 맛의 짜장과 마파두부, 향신 풍미와 얼얼한 맛의 마
라탕, 훠궈, 샹궈, 어향가지, 동파육, 고추잡채까지.
전문점에서 먹던 맛 그대로 집에서 다채롭게 즐겨봐요.

폰타나 ⑦ ⑧ ⑨ ⑩

유럽 정통의 맛을 담은 **폰타나**.
파스타소스와 파스타면, 수프, 드레싱과 고기소스, 스프레
드까지 다양한 재료와 소스들로 유러피안 식탁을 완성할
수 있어요.
샐러드, 파스타, 고기, 디저트와 애피타이저도 맛있고 쉽게
도전해 보세요.

부엌에서 자주 쓰는 기본 조리 도구

기본으로 갖추고 있으면 좋은 조리 도구들을 소개합니다.

처음 주방을 채우거나 더 필요한 도구가 없을지 고민된다면 참고해 보세요.

칼

요리의 가장 기본.
20~25cm 정도 요리용 기본 칼을 추천해요.
여유가 된다면 톱니 모양 칼이나 작은 칼도 함께 구비해두기!

도마

재료 손질과 썰기 과정의 기본 조리도구.
튼튼하고 흔들림 없는 도마가 좋고, 교차 오염 방지를 위해 2~3개 정도 준비하는 걸 추천해요.

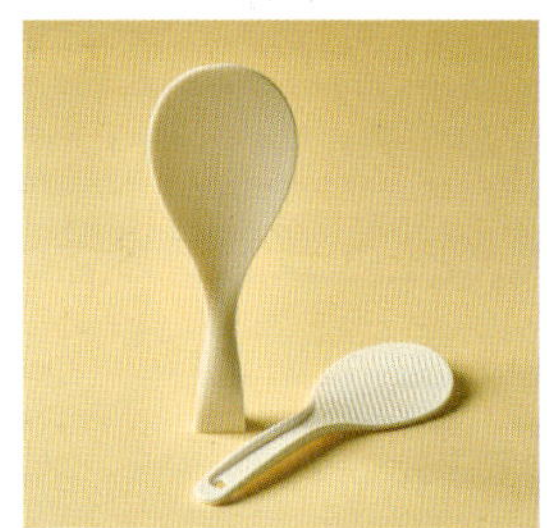

조리용 스푼　볶음 요리나 재료를 섞을 때 유용해요. 안전과 편리성 면에서 길이감이 있는 것을 추천해요.

뒤집개　얇고 경사진 가장자리로 인해 음식을 쉽게 뒤집을 수 있고, 구멍이 있어 틈으로 기름을 뺄 수 있어요.

국자　국물 요리를 떠내거나 끓는 물에 재료를 넣을 때 사용 가능해요. 자주 끓이는 국의 종류와 양에 따라 골라봐요.

주걱　밥을 퍼내기 위한 도구. 내열성 플라스틱, 실리콘, 나무 등 원하는 소재를 선택해요.

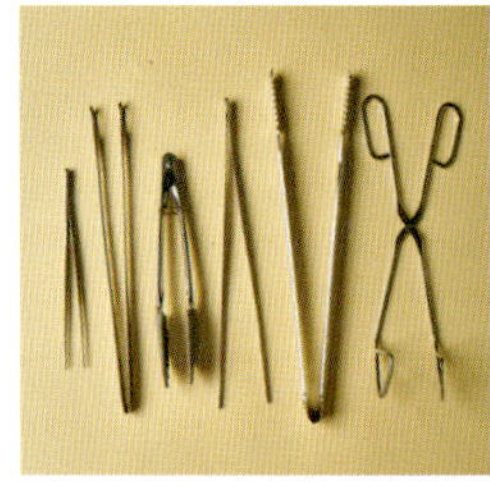
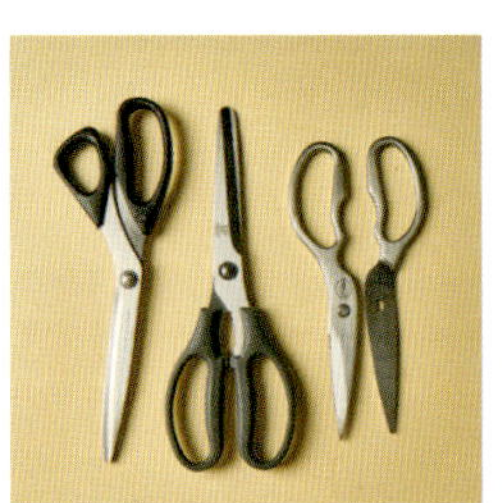

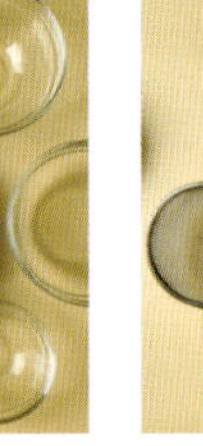

집게

큰 재료를 집거나 뒤집는 데 사용할 수 있어요. 다양한 종류가 있어 내 손에 잘 맞는 집게를 고르는 것이 중요해요.

가위

갖은 재료를 작게 조각낼 때 사용하기 좋아요.
칼을 꺼내기 귀찮을 때도 용이하죠. 가위도 손잡이와 칼날 부분에 다양한 형태가 있어, 내 손에 잘 맞는 가위를 고르는 것이 중요해요.

볼

재료를 분리, 정리하거나 섞을 때 사용해요. 가볍고 튼튼한 것을 원한다면 스테인리스 소재를, 투명하고 전자레인지에 사용 가능한 볼은 유리 소재를 선택해요.

채반(체)

세척한 재료나 물기가 있는 재료의 물기를 제거하기 위해, 혹은 가루의 입자를 고르게 하기 위해 사용해요. 사용 용도에 따라 다양한 크기와 모양, 채반의 촘촘한 정도 등에 차이가 있으니, 용도에 맞게 구비해 보세요.

칼 잡는 법과 써는 법

❶ 칼 잡는 법

요리 초보에게 추천하는 칼 안전하게 잡는 방법

칼날과 손잡이가 만나는 부분에 엄지를 대고, 반대편에 검지를 쥐고 잡아요.

나머지 손가락으로 손잡이를 가볍게 쥐어요.

칼날이 흔들리지 않게 잡아줘야 요리할 때 더 안전하고, 손목이 아프지 않게 요리할 수 있어요.

❷ 칼질하는 법

칼을 잡지 않은 반대편 손으로 재료가 흔들리지 않게 잡아요.

엄지로 재료가 움직이지 않게 고정하고, 나머지 손가락은 둥글게 말아 칼이 닿는 재료의 두께를 조절하면 좋아요.

도마에 직각으로 내려 칼질을 하면 손목에 무리가 갈 수 있어요!

칼을 쥔 손에 스냅을 주어 뒤에서 앞으로 밀어 썰거나 칼의 날을 당기면서 당겨써는 방법이 있답니다.

칼도 제대로 잡고,
자주 사용하는 식재료 손질까지 연습해보고 싶다면?
새미네부엌 플랫폼에서 더 많은 정보를 확인할 수 있어요.

차례

• PART 1 시그니처 집밥

"누가 만들어도 실패없어요"

• PART 2   스페셜 반찬

"가끔은 특별하게 즐겨봐요"

● PART 3 한 그릇 요리

"간편하게 만들어 더 맛있게 먹어요"

● PART 4 특별한 요리(메인 디시&홈파티)

"소중한 사람과 함께 나눠요"

• PART 5 홈카페&브런치 요리
"감성을 담아 요리해요"

우당탕탕 복작복작, 때로는 맘처럼 되지 않을 때도 있지만 어떤 음식
을 해 먹을까 고민하는 중에도, 나만의 맛과 요리 방법을 찾는 과정
에서도, 함께 먹는 식탁에서도, 즐거움이 넘쳐나는 요리!
오늘은 또 어떤 즐거움이 기다리고 있을까요?

시그니처 집밥

"누가 만들어도 실패없어요"

요리의 시작 맛있는 밥 짓는 법

인분 수 2인분   준비 시간 35분   조리 시간 20분

재료

주재료 쌀 1컵
물(불린 쌀 기준 1:1 같은 부피의 양)

만드는 법

STEP 1. 쌀 씻기

쌀 표면에 묻어 있는 전분 가루를 씻어 텁텁함을 줄이기 위한 과정!
쌀을 너무 세게 씻으면 쌀알이 깨질 수 있으니, 물을 받아 손으로 살살 씻어요.

STEP 2. 쌀 불리기

필수는 아니지만, 불린 쌀로 밥을 지으면 더 부드럽고 차진 식감을 낼 수 있어요.
쌀이 충분히 담길 정도의 물에 실온에서 30분 정도 불려요.

STEP 3. 밥 짓기

불린 쌀과 물의 부피를 1:1로 두고 밥을 지어요.
김밥, 볶음밥 등 밥 요리에 활용하거나, 고슬고슬한 밥을 지을 때는 생쌀 기준 1:1 부피로 물을 준비하면
GOOD!

TIP 전기밥솥, 냄비 등 가지고 있는 조리도구를 이용해 밥을 지어요.

새미's 솔루션

🍳 잡곡밥 취향 찾기

내가 원하는 잡곡은 무슨 맛 잡곡?
잡곡밥으로 만들어 먹기 좋은 다양한 잡곡 종류와 맛,
밥 짓는 팁까지 알아가요!

새미네부엌 플랫폼에서
상세히 확인해 보세요-:)

3STEP 미역국

인분 수 **2인분**　준비 시간 **10분**　조리 시간 **15분**

재료

주재료 자른 미역 3스푼(5g) **부재료** 국거리용 소고기 **양념** 연두순 2스푼 혹은 **미역 불리기용** 물 2.5컵(500ml)
식용유 1/2스푼(5g) 1줌(100g) 국간장 2스푼(20g) 소금 1/2스푼(4g)
물 2.5컵(500ml) 참기름 약간

만드는 법

STEP 1. 미역 불리기

자른 미역은 소금물(물 2.5컵+소금 1/2스푼)에 10분 정도 불린 다음 물기를 빼고 한입 크기로 썰어요.

STEP 2. 볶기

중불로 예열한 냄비에 식용유를 두르고 불린 미역과 소고기를 볶아요.
소고기가 연한 갈색빛이 되고 수분이 사라질 때까지 3~4분간 볶아요.

TIP 식용유로 미역을 볶으면 깔끔한 국물을 만들 수 있어요.
참기름, 들기름은 발연점이 낮아 끓일수록 기름이 산화되어 산패취(불쾌한 기름 냄새)가 날 수 있고,
국물이 탁해지니 마지막에 뿌려주세요.

STEP 3. 끓이기

연두순 혹은 국간장과 물을 넣고 센불로 끓여요.
물이 끓어오르면 중불로 낮춰 10분간 끓여요.
마무리로 참기름을 둘러 완성!

TIP 밥솥미역국도 가능!
모든 재료를 밥솥에 넣고 만능찜모드로 30~50분간 조리해도 좋아요.

🍳 **내 취향대로 미역국**

새미's 솔루션

미역국 끓일 때, 어떤 장으로 간을 맞추나요?
정답은 없어요! 내가 좋아하는 맛으로 끓이면 그만!
소금, 연두, 다양한 간장별 차이점을 살펴봐요.

새미네부엌 플랫폼에서
상세히 확인해 보세요-:)

휘리릭 배추된장국

☀ 여러 재료 없이 쉽고 간단하게 끓여요 ☀

인분 수 **2인분** 준비 시간 **10분** 조리 시간 **15분**

재료

주재료 알배추 5장(100g)
물 2.5컵(500ml)

부재료 양파 1/4개(70g)
쪽파 4줄기(20g)

양념 토장 2스푼(20g)
연두순 1/2스푼(5g)

만드는 법

STEP 1. 재료 준비하기

알배추와 양파는 채 썰고, 쪽파는 송송 썰어요.

STEP 2. 국물 끓이기

냄비에 토장과 물을 넣어 잘 풀어준 다음, 연두순을 넣고 센불로 끓여요.

STEP 3. 완성하기

물이 한 번 끓어오르면 알배추와 양파를 넣고 중불에 끓여요.
재료가 투명하게 익을 때까지 3~4분간 끓인 후, 쪽파를 넣으면 완성!

TIP 매콤하게 먹고 싶다면 고춧가루를 살짝 추가해요.

🍳 된장 고르는 법

우리 식탁에 빠질 수 없는 기본 양념이지만,
마트에 가면 어떤 된장을 사야 할지 고민된다면?
다양한 된장 종류별 특징과 활용법까지 알고 가요.

새미's 솔루션

새미네부엌 플랫폼에서
상세히 확인해 보세요-:)

초간단 전자레인지 콩나물국

☀ 냉국, 온국 2가지 취향 따라 즐겨요 ☀

인분 수 **2인분**　준비 시간 **5분**　조리 시간 **10분**

재료

주재료 콩나물 1줌(100g)   **부재료** 쪽파 1줄기(5g)   **양념** 연두순 2스푼(20g)
물 2.5컵(500ml)

만드는 법

STEP 1. 재료 준비하기

콩나물은 물에 깨끗이 씻어 준비하고 쪽파는 송송 썰어요.

STEP 4. 물 부어 완성하기

조리한 콩나물에 취향 따라 뜨거운 물 혹은 차가운 물(500ml)을 넣어 섞어주면 콩나물국&콩나물냉국 완성!

STEP 2. 콩나물과 쪽파 양념하기

볼에 손질한 콩나물과 쪽파, 연두순을 넣어 버무려요.

STEP 3. 전자레인지 조리하기

재료가 담긴 볼에 랩을 씌워 전자레인지에 2분, 1분, 1분(1,000W 기준)으로 나눠 돌려요.

새미's 솔루션

🍳 콩나물 고르기&손질하기

요리에 어울리는 콩나물을 고르고 잘 손질해서 아삭한 식감 살려 맛있게 먹어요.
알쓸시잡, 콩나물 상식까지 함께!

새미네부엌 플랫폼에서 상세히 확인해 보세요-:)

깊은 맛 돼지고기 김치찌개

인분 수 **2인분**　준비 시간 **15분**　조리 시간 **45분**

재료

주재료 김치 1/8포기(300g)
삼겹살 2.5줄(250g)
식용유 3스푼(30g)
쌀뜨물 혹은 물 3컵(600ml)

부재료 대파 1대(100g)
양파 1/6개(50g)
청양고추 1/2개(5g)
홍고추 1/2개(7.5g)

양념 연두진 2스푼(20g)
굵은 고춧가루 1스푼(5g)
다진 마늘 1스푼(10g)

만드는 법

STEP 1. 주재료 준비하기

삼겹살은 2~3cm 두께로 도톰하게 썰고 김치는 한입 크기로 썰어요.

TIP 목살을 사용해도 좋아요. 찌개용 돼지고기를 사면 손질하지 않고 바로 사용할 수 있어요.

STEP 2. 부재료 손질하기

양파는 채 썰고, 대파, 청양고추, 홍고추는 어슷 썰어요.

STEP 3. 양념 만들기

연두진, 고춧가루, 다진 마늘을 섞어 양념을 만들어요.

STEP 4. 재료 볶기

중불로 예열한 냄비에 식용유를 두르고, 김치와 양파, 삼겹살을 넣고 볶아요.
고기에 갈색 빛이 나면 만들어 둔 양념을 넣고 한 번 더 볶은 후, 약불에서 10분 정도 천천히 익혀요.

STEP 5. 끓여서 완성하기

쌀뜨물 혹은 물을 넣고 10분 정도 더 끓이고, 뚜껑을 덮어 약불로 15분 더 끓여요.
손질한 대파와 청양고추, 홍고추를 넣어 한소끔 더 끓이면 완성!

🍳 국물 요리 간 맞추기

국물 요리할 때 밍숭맹숭 간이 부족한 느낌이라면?
국물 간 맞추는 방법과
깊은 맛 내는 비결을 알아보세요!

새미's 솔루션

새미네부엌 플랫폼에서
상세히 확인해 보세요-:)

'냉털' 전자레인지 계란찜

☀ 누구나 가능한 초간단 전자레인지 요리 ☀

인분 수 **1~2인분**   준비 시간 **5분**   조리 시간 **5분**

재료

주재료 달걀 2개(120g)
물 1/2컵(100ml)

부재료 쪽파 1줄기(5g)
당근 약간(10g)

양념 연두순 1스푼(10g)

만드는 법

STEP 1. 재료 준비하기

쪽파와 당근은 잘게 다져요.

TIP 계란찜에 들어갈 재료는 집에 있는 어떤 재료도 OK!
달걀만 넣어 조리해도 좋아요.

STEP 2. 완성하기

내열그릇에 달걀과 물, 연두순을 넣어 잘 섞어요.
잘게 다진 쪽파와 당근을 넣고 한 번 더 섞은 후, 그릇에 랩을 씌워 젓가락으로 구멍을 3~4개 뚫어요.
전자레인지에 5분간(1,000W 기준) 돌리면 완성!

TIP 랩이 없다면 생략해도 좋아요.
(랩을 덮어 요리하면, 더 촉촉한 계란찜을 만들 수 있답니다.)

🍳 **달걀 구입 체크리스트**

달걀을 구매할 때 알아두면 좋을 다양한 선택법!
유정란? 무항생제? 유기농? 포장지 읽는 법과
난각번호 읽는 팁까지 챙겨가세요.

새미네부엌 플랫폼에서
상세히 확인해 보세요-:)

소스 하나로 뚝딱 짜장밥

인분 수 **2인분** 준비 시간 **10분** 조리 시간 **8분**

재료

주재료 삼겹살 1.5줄(150g)
양파 1개(300g)
애호박 1/3개(90g)
식용유 3스푼(30g)

양념 차오차이 특제짜장소스 1봉(165g)

만드는 법

STEP 1. 재료 준비하기

돼지고기, 양파, 애호박은 사방 2cm 크기로 깍둑 썰어요.

TIP 돼지고기는 목살, 안심, 등심 등 취향에 맞게 선택해도 좋아요.

TIP 양배추, 당근 등의 재료로 대체하거나 추가해도 OK!

STEP 2. 돼지고기 볶기

팬에 식용유를 두른 후, 중불에서 1분간 예열하고 돼지고기를 넣어 3분 정도 바삭하게 볶아요.

STEP 3. 완성하기

양파와 애호박, 차오차이 특제짜장소스를 넣고 5분간 더 볶으면 완성!

👩‍🍳 짜장떡볶이

짜장소스 다양하게 활용하는 법!
좋아하는 소스에 취향 맞춤 떡볶이 떡을 넣어
간단하게 즐기는 이색 떡볶이두 만들어 보세요.

새미네부엌 플랫폼에서
상세히 확인해 보세요-:)

성공 보장 1:1 기본 카레

인분 수 **4인분**　　준비 시간 **10분**　　조리 시간 **20분**

재료

주재료
감자 1개(150g)
양파 3/4개(200g)
당근 1/4개(50g)
카레용 고기 1/3근(200g)
물 3컵(600ml)

양념 카레 분말 1봉(100g)

추천! 티아시아 마살라 커리(분말요리용)

만드는 법

STEP 1. 재료 준비하기

감자, 양파, 당근은 1~2cm 정도 크기의 작은 큐브 모양으로 썰어요.

TIP 양배추, 애호박, 고구마 등의 재료로 대체해도 좋아요.

STEP 2. 재료 볶기

중불에 1~2분 정도 예열한 냄비에 식용유를 두르고 고기>당근>감자>양파 순으로 넣어 잘 저어가며 볶아요.
(고기의 표면이 갈색이 될 때까지 약 1분 30초~3분, 당근 넣고 2분, 감자 넣고 5분, 양파 넣고 2분)

TIP 고기는 취향 따라 소고기 혹은 돼지고기를 추천해요.

TIP 재료를 먼저 볶으면 풍미가 더 깊어져요! 재료가 덜 익었다면 약불로 줄여 익을 때까지 더 볶아요.

STEP 3. 완성하기

볼에 물과 카레 분말을 풀어 잘 섞은 후, 볶아둔 재료 위에 붓고 농도가 날 때까지 끓이면 완성!

물, 재료 양 가늠이 어렵다면,
물과 재료를 1:1 부피로 준비해 주세요.
예) 물 1컵이면 고기+채소 총 1컵

새미's 솔루션

🧑‍🍳 부드럽고 크리미한 카레우동

구운 닭고기와 커리를 볶아
삶은 우동면 위에 착!
아이도, 어른도 모두 맛있게 즐길 수 있어요.

새미네부엌 플랫폼에서
상세히 확인해 보세요-:)

팬 없이 완성하는 멸치볶음

☀ 전자레인지 3분이면 끝! ☀

🕐 인분 수 **1인분**　　🕐 준비 시간 **0분**　　👨‍🍳 조리 시간 **3분**

재료

주재료 잔멸치 1컵(30g)   **부재료** 견과류(호두, 아몬드 등) 1/4컵(15g)   **양념** 새미네부엌 아몬드 멸치볶음소스 2스푼(24g)
식용유 1스푼(10g)

만드는 법

STEP 1. 멸치, 견과류 준비하기

재료가 모두 담길 만큼의 넉넉한 내열 접시에 잔멸치, 견과류, 식용유를 넣고 잘 섞어 전자레인지에
1분 30초간 조리해요(1,000W 기준).

TIP 기름과 함께 전자레인지 조리 시, 멸치의 비린내를 날릴 수 있고 견과류를 볶은 효과도 낼 수 있어요.

700W 조리 시, 각 단계에서 30초씩
시간을 늘려 조리해요.

STEP 2. 멸치볶음 완성하기

새미네부엌 아몬드 멸치볶음소스 2스푼을 넣어 잘 섞고 전자레인지에 1분간 더 조리하면 완성!

TIP 프라이팬으로도 조리할 수 있어요!
마른 팬에 멸치, 견과류, 식용유를 넣고 중불에서 2분간 볶다가 불을 끄고 소스를 둘러 잔열로 1분간 더 볶
아주세요.

🍳 **전자레인지 200% 활용법**

전자레인지는 어떻게 음식을 데울까?
전자레인지에 어떤 요리를 하면 좋을까?
다양한 기능과 주의사항까지 모두 알아봐요.

새미네부엌 플랫폼에서
상세히 확인해 보세요-:)

거꾸로 가지볶음

인분 수 **2인분**　　준비 시간 **5분**　　조리 시간 **5분**

재료

주재료 가지 2개(200g)   **양념** 연두순 1스푼(10g)
참기름 1/2스푼(5g)
깨 약간

만드는 법

STEP 1. 재료 준비하기

가지는 2~3cm 두께로 비스듬히, 타원형이 되도록 어슷 썰어요.

STEP 2. 가지 볶기

센불로 예열한 팬에 가지를 넣고 1~2분간 볶아요.

가지는 스펀지 구조로 기름을 잘 머금는 특징이 있어요.
센불로 빠르게 가지 먼저 볶아주면 기름을 사용하지 않고
더 건강한 가지 요리를 만들 수 있답니다!
(양념과 기름이 들어가는 요리도 가지 먼저 볶은 후 추가해 주세요.)

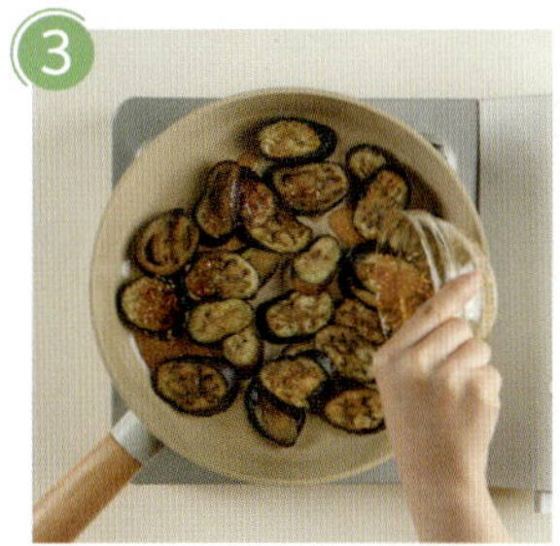

STEP 3. 완성하기

볶은 가지 위로 양념 재료를 모두 넣고 센불에서 30초~1분간 더 볶으면 완성!

🍲 **가지의 맛**

가지, 얼마나 알고 있나요?
몰랐던 가지의 맛과 향, 특징까지
더 자세히 들여다보고 새롭게 요리해봐요.

새미네부엌 플랫폼에서
상세히 확인해 보세요-:)

10분 겉절이

☀ 내 마음대로 조절하는 매운 맛 ☀

인분 수 **4인분**   준비 시간 **10분**   조리 시간 **5분**

재료

주재료 알배추 1포기(750~800g)　　**부재료** 쪽파 1~2줄기(5~10g)　　**양념** 새미네부엌 겉절이양념 1봉(90g)
　　　　　　　　　　　　　　　　　　　　　　　　　　　　　　　　　　　　　　　고춧가루 6스푼(30~40g)
　　　　　　　　　　　　　　　　　　　　　　　　　　　　　　　　　　　　　　　깨 1스푼(5g)
　　　　　　　　　　　　　　　　　　　　　　　　　　　　　　　　　　　　　　　참기름 1/2스푼(5g)

과정

STEP 1. 양념 만들기

새미네부엌 겉절이양념에 고춧가루를 넣어 고루 섞고, 약 5분간 불려요.

TIP 만든 양념은 먹을 만큼만 덜어 그때그때 필요한 양을 알배추와 버무려 먹어도 좋아요.
남은 양념은 냉장 보관해 주세요.

STEP 2. 재료 손질하기

알배추는 심지(고갱)를 제거한 후, 낱장으로 뜯어 깨끗이 씻어요.
세척한 배추는 2~3장 겹쳐 어슷하게 썰어요.
쪽파는 3~5cm 길이로 썰어요.

TIP 알배추는 손으로 먹기 좋게 찢어도 좋아요.

TIP 알배추 대신 봄동, 양배추, 부추 등으로도 겉절이를 즐길 수 있답니다.

STEP 3. 완성하기

배추와 양념을 넣고 주무르듯 골고루 버무려요.
마지막에 쪽파, 깨, 참기름을 넣고 가볍게 버무리면 완성!

TIP 힘을 주어 버무려야 배추에서 물이 나오면서 자연스럽게 양념이 밸 수 있어요.

새미's 솔루션

🍳 고춧가루 굵기별 차이

굵은 고춧가루와 고운 고춧가루,
어떤 요리에, 어떻게 사용하면 좋을까요?
고춧가루 굵기에 따른 차이, 함께 알아봐요.

새미네부엌 플랫폼에서
상세히 확인해 보세요-:)

실패 없는 **시금치 무침**

☀ 나물 무치기? 어렵지 않아요! ☀

인분 수 **4인분** 준비 시간 **15분** 조리 시간 **15분**

재료

주재료 시금치 1단(300g)

양념 연두순 1.5스푼(15g)
참기름 2스푼(20g)
깨 1스푼(5g)

데치기용 물 2L
소금 약간

만드는 법

STEP 1. 재료 준비하기

시금치 뿌리를 칼로 잘라낸 후, 뿌리 쪽에 칼집을 넣어 4등분으로 손질해요.
이파리가 크거나 긴 시금치는 손으로 찢어요.

STEP 2. 시금치 데치기

냄비에 물 2L를 담고 센 불에 끓여요.
물이 끓어오르면 소금을 한 꼬집 넣은 후, 시금치를 넣고 30~40초 정도 데쳐요.

STEP 3. 헹구고 물기 제거하기

데친 시금치는 바로 꺼내 채반에 밭친 후, 흐르는 찬물에 담가요.
찬물에서 열기를 빼준 후, 2~3번 흔들어가며 씻고 두 손을 이용해 꾹 짜 물기를 제거해요.

TIP 물기를 최대한 제거하되, 녹색의 시금치즙이 나올 정도로 너무 세게 짜지 마세요.

STEP 4. 양념하기

양념 재료를 넣고 조물조물 무치면 완성!

새미's 솔루션

🍳 시금치 잘 손질하고 보관하는 법

어떤 시금치를 골라야 하지?
깨끗하게 세척하는 법이 있을까? 보관하는 방법은?
시금치 요리할 때 궁금했던 점, 모두 해결해 보세요.

새미네부엌 플랫폼에서
상세히 확인해 보세요-:)

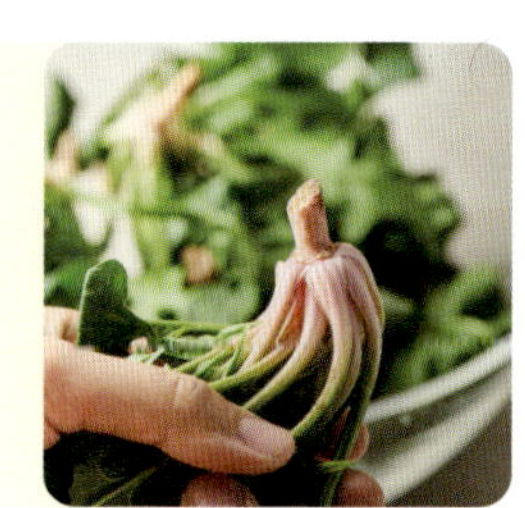

만능 반찬 원팬 장조림

인분 수 **2인분**　준비 시간 **5분**　조리 시간 **10분**

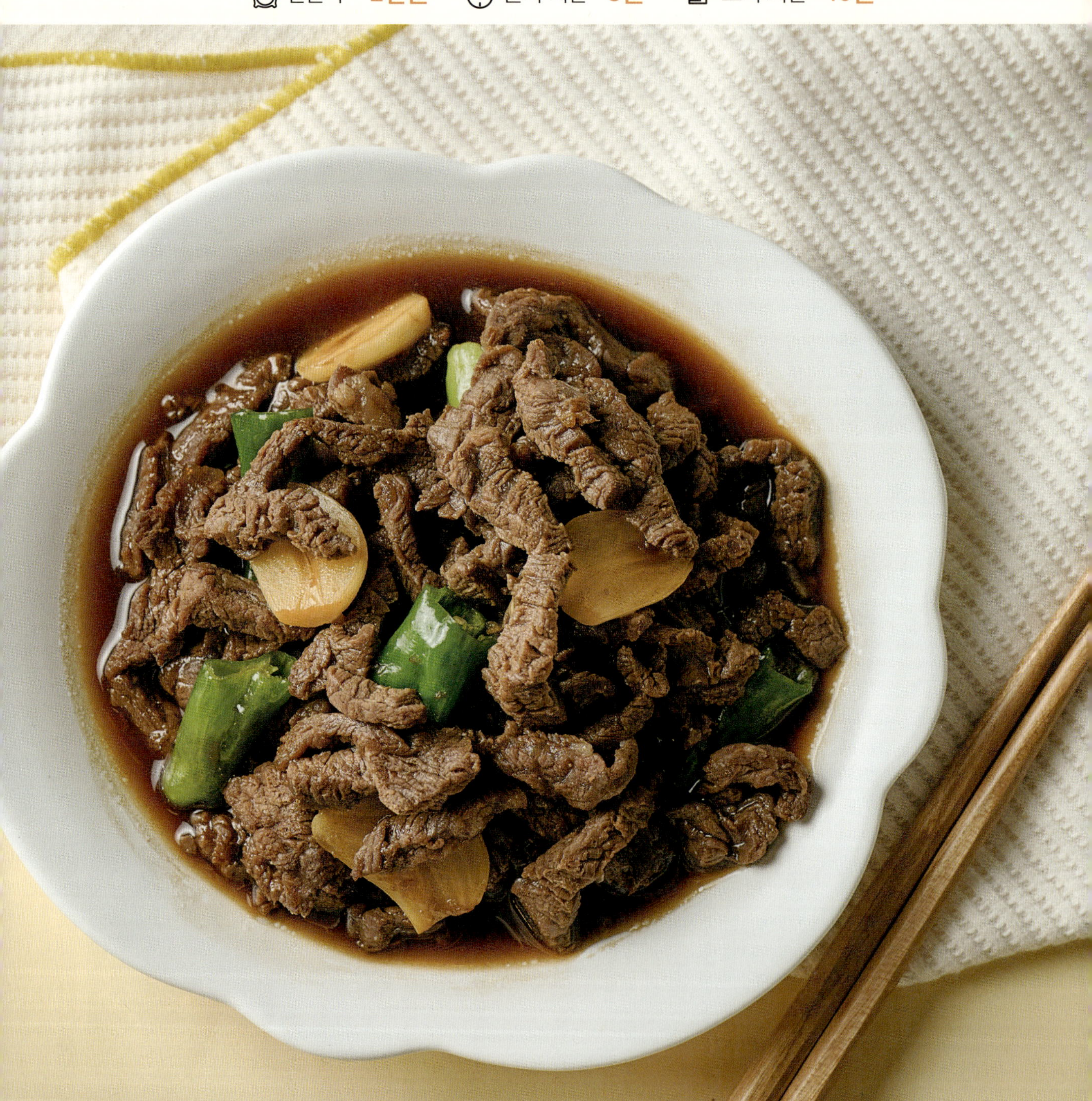

재료

주재료 소고기 1줌(200g)   **부재료** 꽈리고추 4개(40g)   **양념** 새미네부엌 계란 쇠고기 장조림소스 1/2컵(100g)
　　　　　　　　　　　　　　　　　　　마늘 2개(10g)　　　　　　　　　物 1.5컵(300ml)

만드는 법

STEP 1. 재료 손질하기

소고기는 7×1×1cm 크기로 썰어요.

마늘은 반으로 썰어주고, 꽈리고추는 3등분으로 잘라요.

TIP　장조림용 소고기는 안심, 홍두깨살, 우둔살을 추천해요.

TIP　꽈리고추, 마늘을 넣으면 다채로운 풍미를 낼 수 있고, 보관하며 먹을 때도 풍미가 유지될 수 있어요.

STEP 2. 완성하기

냄비에 손질한 소고기와 꽈리고추, 마늘을 넣어요.

새미네부엌 장조림소스와 물을 붓고 센불에서 약 10분간 팔팔 끓여 조리면 완성!

새미's 솔루션

🍳 요리별 소고기 부위 고르는 법

소고기 살 때, 수많은 용도별 고기 중

어떤 부위를 골라야 할지 고민한 적 있나요?

이제는 내 취향에 맞는 소고기 부위로 더 맛있게 요리해요!

새미네부엌 플랫폼에서
상세히 확인해 보세요-:)

2가지 맛 제육볶음

간장맛 VS 빨간맛, 고춧가루 조절로 원하는 맛을 골라요

인분 수 **2인분** 준비 시간 **10분** 조리 시간 **10분**

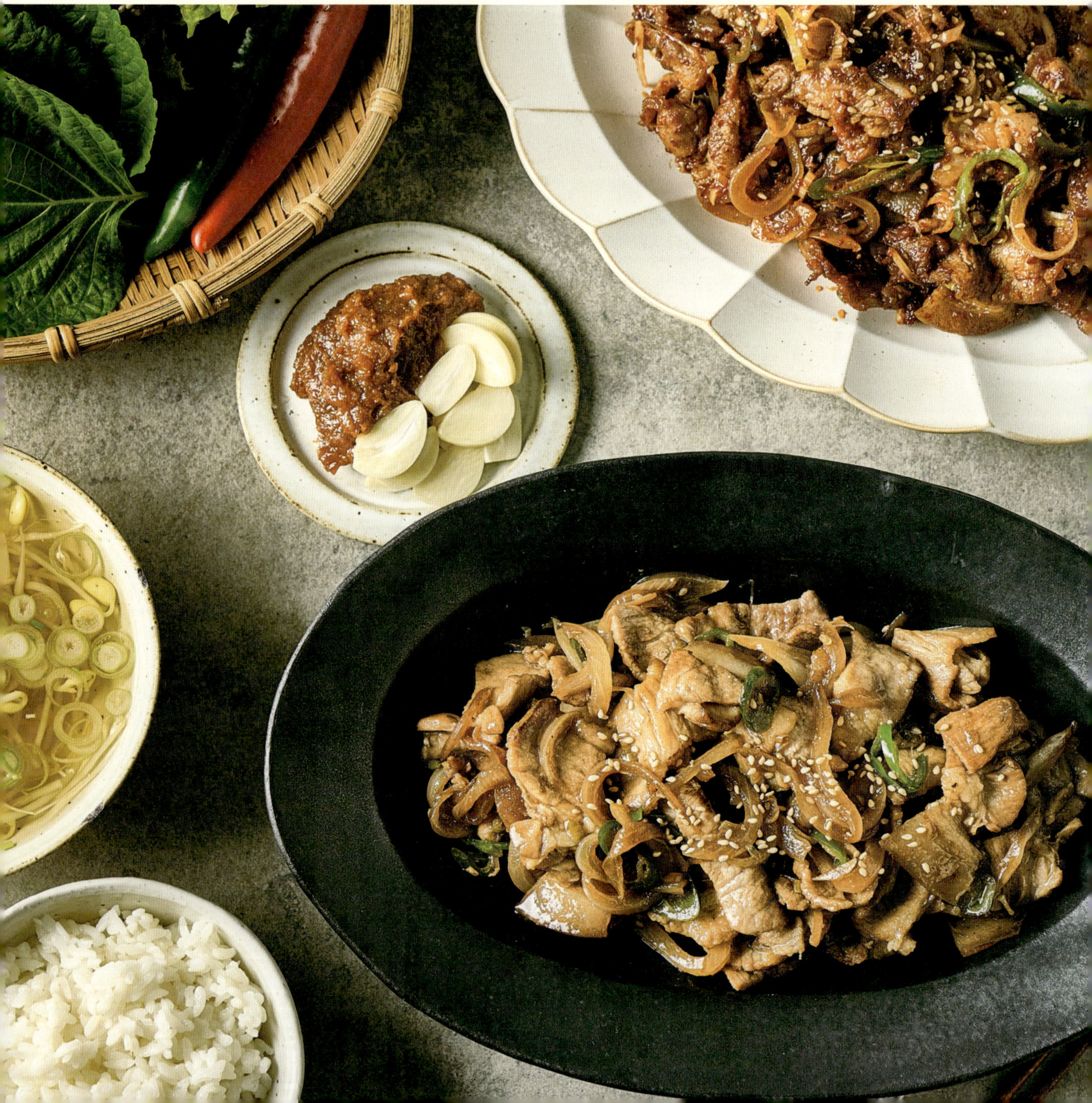

재료

주재료 불고기용 돼지고기 1/2근(300g)
식용유 5스푼(50g)

부재료 마늘 3개(15g)
양파 1/2개(140g)
대파 1/3대(30g)
청양고추 2개(20g)

양념 진간장 2스푼(20g)
연두순 2스푼(20g)
설탕 2스푼(20g)
후추 약간
참기름 1스푼(10g)
깨 1스푼(5g)

만드는 법

STEP 1. 재료 준비하기

마늘은 칼 옆면으로 으깨고, 양파는 얇게 채 썰어요.
대파는 0.5cm 간격으로 송송 썰고, 청양고추는 0.5cm 두께로 어슷 썰어요.

STEP 4. 완성하기

양파, 청양고추, 참기름, 깨를 넣어 센불에서 약 1분간 더 볶으면 완성!

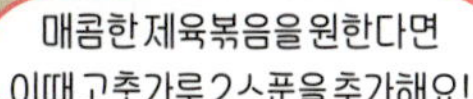

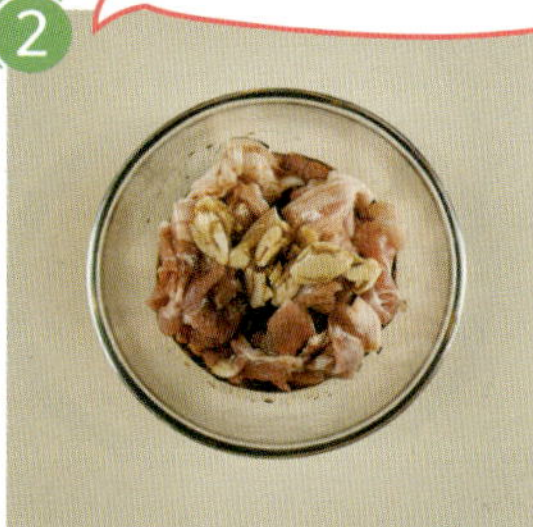

STEP 2. 고기 양념하기

볼에 진간장, 연두순, 설탕, 후추를 넣어 설탕이 녹을 때까지 잘 섞고 돼지고기와 으깬 마늘을 넣어 10분간 재워요.

TIP 제육볶음용 돼지고기는 불고기용 앞다리살 혹은 뒷다리살, 구이용 삼겹살이 좋아요.

STEP 3. 고기 굽기

중불로 예열한 팬에 식용유와 대파를 넣어 1분간 볶아 향을 낸 후, 재워둔 고기를 넣어 핏기가 보이지 않을 때까지 2분 동안 센불에서 볶아요.

새미's 솔루션

👨‍🍳 **요리별 돼지고기 고르는 법**

이 요리엔 어떤 돼지고기를, 어떤 부위를 써야 할까?
알듯 말듯 헷갈리는 돼지고기 고르기.
용도별로 어떤 부위를 고르면 좋을지 함께 알아봐요!

새미네부엌 플랫폼에서
상세히 확인해 보세요-:)

아삭바삭 김치부침개

✧ 바삭한 전, 어떻게 만들까? ✧

인분 수 **2인분**　　준비 시간 **10분**　　조리 시간 **15분**

재료

주재료 김치 1/8포기(300g)
　　　　 식용유 4스푼(40g)

부재료 청양고추 1개(10g)
　　　　 양파 1/4개(70g)

양념 튀김가루 4컵(400g)
　　　 물 2컵(360ml)

만드는 법

🔍 20cm 프라이팬 기준 2장 분량!

STEP 1. 전 반죽 만들기

볼에 튀김가루와 물을 섞어 반죽을 만들어요.

TIP 튀김가루에는 간이 되어 있어, 반죽에 따로 양념을 더하지 않아도 괜찮아요. 일반 밀가루는 연두순을 넣어 간을 조절해요.

STEP 2. 재료 준비하기

김치와 양파는 채 썰고, 청양고추는 송송 썰어요.

STEP 4. 부치기

센불의 팬에 식용유를 둘러 예열(코팅)한 후, 중불로 낮춰 반죽의 절반을 붓고 얇게 펴요.
윗면의 70% 정도 색이 변하고, 아랫면이 노릇하고 바삭한 상태일 때 뒤집어 동일하게 익히면 완성!

STEP 3. 섞기

반죽에 김치, 양파, 청양고추를 넣고 섞어요.

TIP 부추, 미나리, 오징어, 새우 등 부재료를 다양하게 넣어도 좋아요.

🍳 바삭한 전의 비결

바삭한 전을 부치는 비결,
자세하고 깊게 알고 싶다면?
실패 없는 전 부치기 방법을 배워보세요.

새미's 솔루션

새미네부엌 플랫폼에서
상세히 확인해 보세요-:)

요리를 하다 보면 처음 만나는 식재료와 다양한 조리법을
통해 미처 몰랐던 맛들을 새롭게 발견하고 경험하게 돼요.
그 과정에서 나만의 취향과 스타일을 찾아가기도, 도전하
려는 의지와 창의력이 생기기도 하죠.
가끔은 새로운 요리로 일상을 환기시켜 보는 건 어떨까요?

PART 2

스페셜 반찬

"가끔은 특별하게 즐겨봐요"

오이의 변신! 스프링 오이

인분 수 **1인분**　준비 시간 **5분**　조리 시간 **5분**

재료

주재료 오이 1개(200g) **양념** 연두순 1스푼(10g) **고춧가루 플레이크** 고춧가루 1스푼(5g)
다진 마늘 1스푼(10g) 깨 1스푼(5g)
참기름 1/2스푼(5g)
깨 약간

만드는 법

STEP 1. 오이 스프링 모양으로 손질하기

오이는 세척 후 윗면, 아랫면에 사선으로 2/3 정도까지 칼집을 넣어요.

STEP 2. 양념하기

볼에 양념 재료를 넣어 잘 섞어요.
손질한 오이에 양념을 버무려 3~5분간 절이면 완성!

STEP 3. 매콤하게 즐기기

고춧가루와 깨를 섞은 고춧가루 플레이크를 곁들이면 더 매콤하게도 즐길 수 있어요.

새미's 솔루션

🍳 **오이의 맛**

오이라고 다 같은 오이가 아니다?
다양한 품종부터 씨, 과육, 껍질 등 각 부위별 특징까지
오이로 요리하기 전에 미리 살펴봐요.

새미네부엌 플랫폼에서
상세히 확인해 보세요-:)

겉바속쫄 연두두부구이

에어프라이어로 겉은 바삭, 속은 쫄깃하게

인분 수 **2인분** 준비 시간 **5분** 조리 시간 **20분**

재료

주재료 두부 1모(300g) **양념** 연두순 2스푼(20g)
올리브유 1스푼(10g)
후추 약간

만드는 법

STEP 1. 두부 칼집내기

키친타올을 이용해 물기를 제거한 두부는 종이 호일 위에 놓은 후 가로, 세로 격자로 칼집을 내요.

STEP 2. 양념하기

칼집 사이로 연두순, 올리브유를 골고루 뿌리고 후추도 뿌려요.

TIP 매콤한 맛이 좋다면 연두청양초나 페페론치노 등을 더해도 좋아요.

STEP 3. 에어프라이어에 굽기

200℃ 에어프라이어에서 약 20분간 구워 완성!

TIP 마무리로 파슬리를 뿌리면 더 좋아요.

👩‍🍳 **에어프라이어 청소법**

우리 집 에어프라이어, 한 번도 청소한 적 없다면?
바스켓과 열선, 외관까지 꼼꼼하게 청소하는 법부터
냄새 제거까지 모두 한 번에 알아봐요.

새미's 솔루션

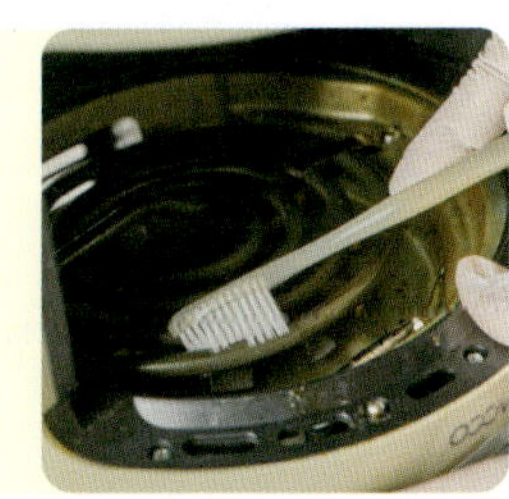

새미네부엌 플랫폼에서
상세히 확인해 보세요-:)

초간단 건강 채식 유린두부

인분 수 **2인분**　　준비 시간 **20분**　　조리 시간 **5분**

재료

주재료 두부 1모(300g)
식용유 3스푼(30g)
소금 약간

부재료 양상추 1/3개(150g)

양념 새미네부엌 고깃집 양파절임소스 1/2컵(100g)
청양고추 1개(10g)
홍고추 1/2개(7.5g)
다진 마늘 1스푼(10g)
대파(흰 부분) 1/6개(10g)

만드는 법

① STEP 1. 두부 준비하기

두부는 1cm 두께로 길고 네모나게 썰고, 소금을 조금 뿌려 밑간해요.
5~10분 후, 두부에서 나온 물을 키친타올로 닦아요.

② STEP 2. 양상추 준비하기

양상추는 손으로 한입 크기로 뜯고 찬물에 10분 동안 담가둔 후 물기를 빼요.

TIP 샐러드 스피너나 야채 탈수기를 쓰면 더 쉽게 물기 제거가 가능해요!

③ STEP 3. 유린기소스 만들기

청양고추와 홍고추, 대파는 잘게 송송 썰고 새미네부엌 고깃집 양파절임소스에 손질한 고추와 대파, 다진 마늘을 모두 섞어 소스를 만들어요.

④ STEP 4. 두부 부치기

중불로 1분 예열한 팬에 식용유를 두르고 두부를 앞뒤 각각 2분씩 바삭하게 부쳐요.

TIP 부드러운 식감을 원하면 부치는 시간을 줄여요. 쫄깃한 식감을 원하면 두부를 라이스페이퍼로 감싸 부쳐요.

⑤ STEP 5. 완성하기

접시에 양상추와 두부를 올리고, 위에 유린기소스를 부으면 완성!

새미's 솔루션

🍳 요리별 두부 자르기

찌개, 조림, 부침 등 요리에 따라 두부 손질법도 달라져요.
300g, 500g 2가지 용량의 두부를
요리에 맞게 자르는 방법을 알아볼까요?

새미네부엌 플랫폼에서
상세히 확인해 보세요-:)

묵은 김의 재탄생 김장아찌

☀ 촉촉 쫀득 밥도둑 저장반찬 ☀

인분 수 **4인분**　　준비 시간 **10분**　　조리 시간 **20분**

재료

주재료 김 10장(20g)
대파(흰 부분) 1/3개(20g)
마늘 2개(10g)
양파 1/6개(50g)
생강 1/4톨(5g)

부재료 청양고추 1/2개(5g)

양념 진간장 2/3컵(133g)
설탕 4스푼(40g)
물 1.25컵(250ml)

만드는 법

STEP 1. 김 준비하기

김은 취향에 따라 먹기 좋은 사이즈로 잘라요.

TIP 2~3장씩 겹쳐 손으로 접으면 잘 잘려요. 가위를 사용해도 좋아요.

STEP 2. 양념 넣고 식히기

냄비에 진간장, 설탕, 물과 함께 대파, 마늘, 양파, 편 썬은 생강과 청양고추를 넣고 중불에서 10분 정도 끓인 후 식혀요.
양념이 식으면 채소는 체로 건져요.

TIP 재료가 없거나 만들기 어렵다면 샘표 장아찌간장을 활용해요.

STEP 3. 김 위에 양념 부어 완성하기

용기에 김을 차곡차곡 담고, 양념을 3~4번에 나눠 조금씩 부어 김에 양념이 촉촉하게 스며들도록 해요.
냉장고에 하루 정도 숙성하면 완성!

TIP 먹을 만큼 덜어 참기름과 깨를 뿌려 먹어요.

새미's 솔루션

🍳 **오래 먹는 김 보관법**

먹고 남은 김, 눅눅해져 아쉬울 때!
마른 김, 조미김 모두 제대로 보관하고
조금 더 바삭하게 먹어봐요.

새미네부엌 플랫폼에서
상세히 확인해 보세요-:)

활용도 만점 김페스토

인분 수 **2인분**   준비 시간 **0분**   조리 시간 **3분**

재료

주재료   김밥 김 5장(10g)   **양념**   연두순 5스푼(50g)
      마늘 5개(25g)   식용유 2/3컵(120g)
                                   양조식초 1/2스푼(5g)
                                   깨 1스푼(5g)
                                   설탕 1스푼(8g)

만드는 법

1 

STEP 1. 재료 준비하기

김밥 김, 마늘, 연두순, 식용유, 양조식초, 깨, 설탕을 준비해요.

TIP   김은 조미되지 않은 김이면 모두 대체 가능해요.

TIP   오일은 향이 강하지 않은 포도씨유, 카놀라유, 콩기름, 해바라기유 등을 추천!

2 

STEP 2. 페스토 만들기

김과 마늘, 양념 재료를 모두 넣어 핸드블렌더로 곱게 갈아 완성!

TIP   핸드블렌더가 없다면 믹서기를 사용해도 좋아요.

🍳 **김페스토 활용 요리 모음**

김페스토, 이렇게 먹으면 얼마나 맛있게요?
쌈밥, 면, 떡, 샐러드, 타파스까지!
어느 재료와 같이 먹어도 필승 조합이랍니다.

새미's 솔루션

새미네부엌 플랫폼에서
상세히 확인해 보세요-:)

쫄깃오독 새송이버섯볶음

☼ 필러로 얇게 잘라 쫄깃하면서도 오독오독한 새로운 식감! ☼

인분 수 **2인분**　　준비 시간 **10분**　　조리 시간 **5분**

재료

주재료 새송이버섯 2개(100g)　　**부재료** 양파 1/4개(70g)　　**양념** 진간장 2스푼(20g)
　　　　 식용유 2스푼(20g)　　　　　　 홍고추 1개(15g)　　　　　 설탕 1스푼(10g)
　　　　 다진 마늘 1스푼(10g)　　　　　 쪽파 1줄기(5g)

만드는 법

STEP 1. 부재료 손질하기

홍고추는 1cm 두께로 어슷 썰어요.
쪽파는 송송 썰어요.
양파는 1cm 두께로 채 썰어요.

STEP 2. 버섯 손질하기

새송이버섯의 갓 부분은 분리 후 채 썰고 몸통은 필러로 얇게 밀어요.

STEP 3. 재료 볶기

센불로 예열한 팬에 식용유를 두른 후 다진 마늘, 양파, 홍고추를 넣어 1분간 볶아요.

STEP 4. 완성하기

새송이버섯을 넣어 센불에서 1~2분간 새송이버섯의 모양이 접힐 정도로 볶다가 진간장, 설탕을 넣어 30초~1분간 더 볶아요.
마무리로 송송 썰어둔 쪽파를 올려 완성!

TIP 오일이 부족해 보이거나 연기가 많이 날 때는 물 2스푼을 넣어요.

🍳 **새송이버섯 보관법**

무르지 않고, 곰팡이가 생기지 않게 새송이버섯을 잘 보관하는 법!
냉장, 냉동 보관 팁 확인하고 신선하게 오래 먹어요.

새미's 솔루션

새미네부엌 플랫폼에서
상세히 확인해 보세요-:)

기름·밀가루 NO! 달걀양배추찜전

✧ 간단하게 만들어 부담없이 즐기는 건강 요리 ✧

인분 수 **2인분** 준비 시간 **5분** 조리 시간 **10분**

재료

주재료　양배추 5장(250g)
　　　　　작은 양배추 1/3개 분량
　　　　　달걀 3개(180g)
　　　　　물 1컵(200ml)

양념　연두순 1스푼(10g)

만드는 법

STEP 1. 재료 준비하기

양배추는 얇게 채 썰어요.

STEP 2. 양배추 익히기

팬에 물과 연두순을 넣고 센불로 끓여요.
물이 끓으면 중불로 낮춰 양배추를 넣고 양배추가 부드러워질 때까지 끓여요.

TIP　양배추가 말랑말랑 부드러운 상태가 되고, 불투명한 색이 되었다면 잘 익은 상태예요.
헷갈린다면 하나를 먹어 보았을 때 아삭한 식감 없이 부드럽게 씹힐 때까지 끓이면 돼요.

STEP 3. 완성하기

달걀물을 풀어 양배추 위에 붓고, 약불로 줄여요.
뚜껑을 덮어 윗면이 익을 때까지 천천히 익히면 완성!

TIP　윗면이 다 익기 전에 물이 다 증발했을 경우, 물을 1~2스푼씩 더 넣어 타지 않게 조절해요.

새미's 솔루션

🍳 **달콤향긋 토마토바질전**

달콤한 토마토 위에 향긋한 바질을 얹어
노릇노릇 바삭하게 구워
새롭게 즐기는 이색 전!

새미네부엌 플랫폼에서
상세히 확인해 보세요-:)

쫄깃촉촉바삭 팽이버섯전

☀ 맛에 한 번, 식감에 한 번 놀랄 거예요 ☀

인분 수 **2인분**　준비 시간 **5분**　조리 시간 **5분**

재료

주재료 팽이버섯 1봉(150g) **부재료** 쪽파 2줄기(10g) **양념** 연두순 1스푼(10g)
달걀 2개(120g)
식용유 1/2스푼(5g)

만드는 법

STEP 1. 재료 준비하기

팽이버섯은 아래 균사체 부분을 잘라낸 후, 뭉친 부분은 뜯어요.
쪽파는 송송 썰어요.

STEP 2. 달걀물 만들기

볼에 달걀과 연두순을 넣고 잘 섞어요.

STEP 3. 완성하기

약불로 예열한 팬에 식용유를 두르고, 뜯어낸 팽이버섯을 동그랗게 깔아요.
팽이버섯 위에 달걀물을 골고루 붓고 쪽파를 올려 앞뒤 노릇하게 부치면 완성!

TIP 전을 뒤집기 어렵다면 뚜껑을 덮어 윗면의 달걀물이 다 익을 때까지 그대로 익혀요.

새미's 솔루션

💭 **팽이버섯 손질법**

포장지에서 팽이버섯을 다 꺼낼 필요 없이
손쉽게 썰어 요리에 바로 활용하는 방법.
팽이버섯 손질법이 궁금하다면 확인해 보세요!

새미네부엌 플랫폼에서
상세히 확인해 보세요-:)

새콤고소 양배추라페

☀ 활용도 좋은 건강 라페 레시피 ☀

인분 수 **4인분** 준비 시간 **37분** 조리 시간 **2분**

재료

주재료 양배추 1/2개(400g)
작은 양배추 기준

부재료 양파 1개(280g)
깻잎 5장(10g)

양념 들기름 4스푼(40g)
레몬즙 4스푼(40g)
연두순 2스푼(20g)
폰타나 홀그레인 머스타드
2스푼(20g)

절이기용 물 1컵(200ml)
소금 1스푼(10g)

만드는 법

STEP 1. 부재료 손질하기

양파는 링 모양으로 썰거나, 얇게 채 썰고, 깻잎은 꼭지를 제거한 후 돌돌 말아 채 썰어요.

TIP 부재료는 취향에 따라 생략하거나 당근 등으로 대체해도 좋아요.

STEP 4. 완성하기

볼에 양념 재료를 모두 넣고 고루 섞은 후, 절인 양배추와 양파, 손질한 깻잎을 넣어 버무리면 완성!

TIP 통들깨나 흑임자를 뿌려 오독한 식감을 더해도 좋아요.

STEP 2. 양배추 썰기

양배추 1/2개는 반으로 한 번 더 썰어 심지(고갱이)를 제거하고 얇게 채 썰어요.

TIP 채칼이 있다면 얇게 슬라이스하기 수월해요.

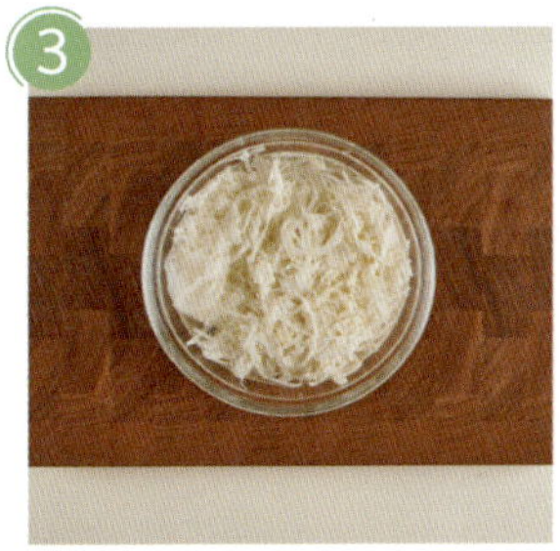

STEP 3. 재료 절이기

양배추와 양파는 볼에 담아 물 1컵과 소금 1스푼을 넣고 30분 정도 절여요.
숨이 죽으면 채반에 담아 물기를 빼고 손으로 꾹 눌러 남은 물기를 제거해요.

💬 **양배추 보관법**

새미's 솔루션

한 번에 다 먹기 어려운 양배추 한 통,
냉장고에서 거뭇거뭇 말라가고 있다면?
이렇게 보관해요!

새미네부엌 플랫폼에서
상세히 확인해 보세요-:)

붓기만 하면 끝! 깻잎지

인분 수 **2인분**　준비 시간 **10분**　조리 시간 **10분**

재료

주재료 깻잎 30장(60g) **부재료** 양파 1/4개(70g) **양념** 새미네부엌 고깃집 양파절임소스 2/3병(200ml)
홍고추 1/2개(7.5g) 굵은 고춧가루 2스푼(20g)

만드는 법

STEP 1. 깻잎 준비하기

깻잎은 물에 깨끗하게 세척한 후, 채반에 밭쳐 물기를 제거해요.

TIP 깻잎의 꼭지가 길다면 조금만 잘라요. 너무 짧게 자르면 완성된 깻잎지를 잡을 때 힘들 수 있으니 주의!

STEP 4. 완성하기

깻잎이 들어갈 용기에 1~2장씩 깻잎을 깔고 그 사이사이에 소스를 넣어요.
마지막에 남은 소스를 부어 냉장고에서 약 30분간 절이면 완성!

STEP 2. 부재료 준비하기

양파는 얇게 채 썰어 반으로 자르고, 홍고추는 세로로 반 썰어 씨를 제거하고 얇게 채 썰어요.

TIP 칼칼한 맛을 좋아한다면 고추 양을 늘리거나 청양고추를 활용해도 좋아요.

STEP 3. 소스 만들기

볼에 새미네부엌 양파절임소스와 채 썬 양파, 고추를 섞고 고춧가루를 넣어요.

TIP 아이와 함께 먹고 싶다면 고춧가루는 생략해도 좋아요.

TIP 으깬 깨를 추가하면 고소함은 UP!

🍳 알아두면 좋을 들깨 상식

들깨의 잎은 깻잎이다?

YES or NO!

들깨에 대해 알아두면 좋을 상식 3가지를 알아봐요.

새미네부엌 플랫폼에서
상세히 확인해 보세요-:)

퉁퉁탕탕 오이소박이

인분 수 **4인분**   준비 시간 **10분**   조리 시간 **15분**

재료

주재료 오이 4~5개(800g)   **부재료** 부추 3줌(170g)   **양념** 새미네부엌 오이소박이양념 1봉(120g)
고춧가루 10스푼(50g)

만드는 법

STEP 1. 오이 준비하기

세척한 오이는 밀대 등을 이용해 힘껏 두들겨 부수거나, 한입 크기로 토막 썰어요.

TIP 오이를 두드리기 어렵거나 밀대가 없다면 지퍼백에 넣어 무게가 있는 그릇 등으로 눌러가며 한입 크기로 손질해요.

STEP 2. 양념 준비하기

부추는 2~3cm 길이로 썰어요.
새미네부엌 오이소박이양념과 부추, 고춧가루를 잘 섞어요.

STEP 3. 완성하기

양념과 오이를 골고루 버무려요.
10분간 실온에서 숙성하면 완성!

TIP 남은 오이소박이는 냉장보관하면 숙성된 오이김치 스타일로 즐길 수 있어요.

🍳 **매콤고소 오이무침**

집에 있는 양념으로 만드는
오이무침 레시피도 확인해 보세요.
물이 덜 생기게 만드는 꿀팁은 덤!

새미네부엌 플랫폼에서
상세히 확인해 보세요-:)

밥도둑 반숙계란장

☀ 촉촉한 반숙에 양념 부어 완성! ☀

인분 수 **2인분** 준비 시간 **10분** 조리 시간 **15분**

재료

주재료 달걀 5개(300g)

부재료 양파 1/4개(70g)
파프리카 1/2개(90g)

양념 진간장 1/2컵(100g)
연두순 1/2스푼(5g)
물 1/2컵(100ml)
설탕 4스푼(40g)

달걀 삶기용 물 2L
소금 1스푼(10g)

만드는 법

STEP 1. 반숙으로 달걀 삶기

냄비에 물 2L, 소금 1스푼을 넣고, 물이 끓어오르면 달걀을 넣어 중불에서 6분간 삶아요.
삶은 달걀은 찬물에 담가 식힌 뒤, 껍질을 벗겨 준비해요.

TIP 완숙 달걀을 좋아한다면 9분간 삶아요.

STEP 2. 양념 준비하기

양파, 파프리카는 사방 0.5cm로 작게 다져요.
채소와 모든 양념 재료를 넣어 설탕이 녹을 때까지 잘 섞어요.

STEP 3. 완성하기

용기에 준비된 삶은 달걀과 양념을 넣고 달걀이 완전히 잠기게 담아요.
냉장고에서 2시간 이상 숙성하면 완성!

TIP 하루 정도 지나면 달걀 안까지 양념이 배여 더 맛있게 먹을 수 있어요.

새미's 솔루션

☞ **삶은 달걀 마스터**

달걀 잘 삶는 방법부터
껍질 잘 까는 팁과 자르는 법까지.
놓치지 말고 확인해 보세요.

새미네부엌 플랫폼에서
상세히 확인해 보세요-:)

초간단 삼겹살 조림

인분 수 **2인분**　준비 시간 **5분**　조리 시간 **10분**

재료

주재료 삼겹살 2줄(200g)   **부재료** 마늘 2개(10g)   **양념** 새미네부엌 계란 쇠고기 장조림소스 1/2컵(100g)
                              꽈리고추 4개(40g)

만드는 법

1 

STEP 1. 고기 굽기

중불로 예열한 팬에 삼겹살을 앞뒤로 1분씩 노릇노릇하게 구워요.
불 세기를 중약불로 줄이고 가위를 이용해 2~3cm 크기로 잘라요.

TIP 자를 때 오돌뼈를 함께 손질하면 완성 요리를 먹을 때 걸리는 식감 없이 편하게 먹을 수 있어요.

2 

STEP 2. 완성하기

팬에 생긴 삼겹살 기름은 키친타올 등으로 닦고 마늘, 꽈리고추와 새미네부엌 장조림소스를 넣어요.
중약불에서 5분 정도 천천히 끓여 소스가 잘 배도록 졸이면 완성!

TIP 삼겹살 기름을 제거해야 양념소스가 재료와 분리되지 않고 잘 섞여요.

새미's 솔루션

🍳 돼지고기 보관법

돼지고기, 어떻게 보관해야
오래 보관할 수 있을까?
냉장, 냉동 보관 팁 함께 살펴봐요!

새미네부엌 플랫폼에서
상세히 확인해 보세요-:)

이국적인 맛 공심채 볶음

인분 수 **1인분**　준비 시간 **10분**　조리 시간 **20분**

재료

주재료 공심채 3줌(150g)
다진 마늘 2스푼(20g)
식용유 2스푼(20g)

부재료 청양고추 1개(10g)
홍고추 1/2개(7.5g)
양파 1/4개(70g)

양념 티아시아 태국 팟타이소스 4스푼(40g)

만드는 법

STEP 1. 재료 준비하기

공심채는 흐르는 물에 깨끗이 씻어 물기를 제거한 후 4~5cm 길이로 썰어요.
청양고추, 홍고추, 양파는 잘게 다져요.

STEP 2. 양파, 마늘 볶기

중불에서 예열한 팬에 식용유를 두르고 다진 양파와 다진 마늘을 넣어 중불에서 약 30초간 노릇하게 볶아요.

STEP 3. 소스 만들기

팬에 다진 청양고추, 홍고추, 티아시아 태국 팟타이소스를 넣어 1분간 더 볶아요.

STEP 4. 완성하기

공심채를 넣고 센불에서 30초~1분간 볶아 완성!

👩‍🍳 태국식 팟타이 만들기

공심채 볶음과 같은 소스로 만드는 태국 음식!
잘 불린 면에 좋아하는 재료 넣어 휘리릭 볶아내면 끝!
우리 집 식탁에서 동남아 여행을 즐겨봐요.

새미네부엌 플랫폼에서
상세히 확인해 보세요-:)

취향 따라 3가지 맛 마파두부

☀ 부드럽고 감칠맛 있게, 마라맛으로 얼얼하게, 매콤고소하게 ☀

인분 수 **2인분**　　준비 시간 **10분**　　조리 시간 **5분**

재료

주재료 연두부 1모(300g)

부재료 돼지고기 다짐육 1줌(100g)
대파 1/3대(30g)
식용유 1.5스푼(15g)

양념 차오차이 마파두부소스 1봉(150g)
홍콩식, 시추안, 한국풍 3가지 맛 중
원하는 소스를 골라요.

만드는 법

STEP 1. 재료 준비하기

연두부는 사방 1.5cm 크기로 깍둑 썰어요.
대파는 세로로 4등분한 후, 얇게 송송 썰어요.

TIP 연두부 대신 순두부, 찌개 두부 등 다른 두부를 활용해도 좋아요.

STEP 2. 부재료 볶기

팬에 식용유를 두르고 1분간 중불에서 예열한 후, 돼지고기 다짐육을 넣어 2분간 볶아요.
손질한 대파를 넣고 1분간 더 볶다가 차오차이 마파두부소스를 넣고 30초간 더 볶아요.

STEP 3. 완성하기

연두부를 넣고 골고루 섞어 한소끔 끓어오를 때까지 끓이면 완성!

TIP 연두부는 숟가락이나 젓가락으로 섞으면 으깨지기 쉬우므로 팬 손잡이를 잡고 흔들며 골고루 섞어요.

🍲 알쏭달쏭 두부상식

두부는 세척해야 할까요?
포장 속 물은 먹어도 될까요?
정답을 확인해 보세요!

새미's 솔루션

새미네부엌 플랫폼에서
상세히 확인해 보세요-:)

내가 고른 재료로 차린 집밥 한 그릇은 하루를 든든하고 건강하게 채워줘요. 신선한 재료를 직접 준비해 안심할 수 있고, 필요한 만큼 사용해 식비 관리에도 도움이 되죠.
집밥을 조금 더 편안한 습관으로 이어가다 보면 자연스럽게 생활비도 아끼고 몸은 더 건강해질 거예요.

한 그릇 요리

"간편하게 만들어 더 맛있게 먹어요"

아침에 뚝딱! 계란밥찜

인분 수 **1인분**　　준비 시간 **10분**　　조리 시간 **6분**

재료

주재료	달걀 2개(120g) 밥 1/2공기(100g) 물 1/2컵(100ml)	**부재료**	양파 1/7개(40g) 당근 1/5개(40g) 쪽파 1줄기(5g)	**양념**	연두순 2스푼(20g)

만드는 법

STEP 1. 재료 준비하기

양파와 당근은 잘게 다지고, 쪽파는 송송 썰어서 준비해요.
그릇에 달걀을 넣고 풀어준 후 준비한 채소와 물, 연두순을 넣고 골고루 섞어요.

STEP 2. 밥 위에 달걀물 붓기

내열용기에 밥을 먼저 넣은 후, 그 위에 잘 섞은 달걀물을 부어요.

STEP 3. 완성하기

전자레인지에 6분간(1,000W 기준) 돌리면 완성!

TIP 용기에 랩을 씌우면 표면을 깔끔하게 완성할 수 있어요!

🍳 **냉장고 정리법으로 알뜰하게 식단 짜기**

올바른 냉장고 정리법부터
식재료를 알뜰하게 관리하고 끝까지 쓰는 팁,
새미표 식단표 다운로드까지 알아보세요!

새미's 솔루션

새미네부엌 플랫폼에서
상세히 확인해 보세요-:)

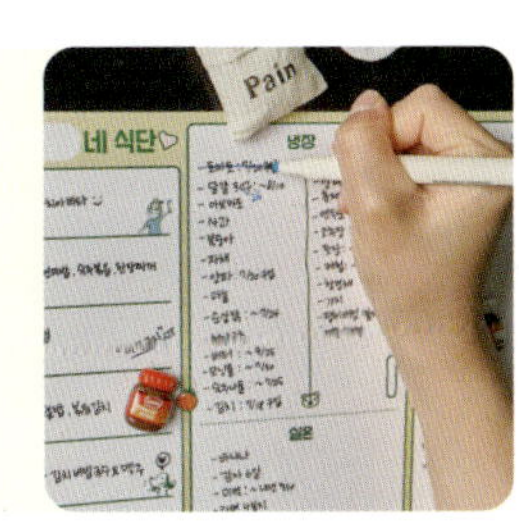

매콤한 애호박볶음

☀ 애호박을 매콤하게 볶으면 어디에 넣어도 찰떡! ☀

인분 수 **2인분**　준비 시간 **10분**　조리 시간 **15분**

재료

주재료 애호박 1/2개(150g)
다진 마늘 1/2스푼(5g)

부재료 양파 1/4개(70g)
대파 1/3대(30g)
들기름 2스푼(20g)

양념 연두진 2스푼(20g)
굵은 고춧가루 1스푼(5g)
참기름 1스푼(10g)
깨 약간

만드는 법

1 

STEP 1. 재료 손질하기

애호박과 양파는 가늘게 채 썰고, 대파는 송송 썰어요.

2 

STEP 2. 재료 볶기

중불로 예열한 팬에 들기름을 넣고 다진 마늘, 대파, 양파를 넣어 중불에서 2~3분 볶아요.

3 

STEP 3. 애호박과 양념 넣어 완성하기

애호박을 넣고 1~2분간 볶다가 부드럽게 익어갈 때 고춧가루와 연두진을 넣어 잘 섞어요.
불을 끄고 참기름과 깨를 넣고 살짝 섞으면 완성!

🍳 **애호박 손질법**

애호박 손질, 어디까지 알고 있나요?
비닐 손쉽게 벗기기부터 요리에 맞는 썰기까지
한 번에 정리했어요!

새미's 솔루션

새미네부엌 플랫폼에서
상세히 확인해 보세요-:)

뽀빠이 시금치고기덮밥

☀ 새미네부엌 잡채소스로 고기와 시금치를 볶아 든든하게! ☀

인분 수 **2인분**　준비 시간 **15분**　조리 시간 **10분**

재료

주재료 시금치 1/2단(150g)
돼지고기 다짐육 1줌(100g)
양파 1/4개(70g)
다진 마늘 2스푼(20g)
밥 1공기(200g)
식용유 1스푼(10g)

부재료 홍고추 2개(30g)
청양고추 2개(20g)

양념 새미네부엌 쇠고기야채잡채소스 4스푼(40g)

만드는 법

STEP 1. 재료 준비하기

양파, 홍고추, 청양고추는 곱게 다져요.
시금치는 뿌리를 제거하여 흐르는 물에 씻은 후, 2~3등분으로 잘라 준비해요.

STEP 3. 소스와 시금치 넣고 볶기

중불로 줄여 새미네부엌 쇠고기 야채잡채소스를 넣고 약 1분간 살짝 졸여요.
시금치를 넣고 중강불로 올린 후, 시금치 숨이 죽으며 부피가 절반이 될 때까지 1분간 볶아요.

STEP 2. 재료 볶기

중불로 예열한 팬에 식용유를 두르고 다진 마늘, 양파, 고추를 넣고 양파가 투명해질 때까지 볶아요.
다짐육을 넣고 중강불로 올려 고기가 노릇해질 때까지 튀기듯이 2~3분간 볶아요.

TIP 다진 마늘이 없다면 마늘 4개를 곱게 다져 준비해요.

STEP 4. 밥 위에 얹어 완성

그릇에 밥과 볶은 재료를 올려 담아 완성!

🍳 시금치 종류 3가지

시금치, 품종에 따라 맛이 다 달라요!
경기 시금치, 포항초, 섬초의 특징까지
각각의 매력을 살펴봐요.

새미네부엌 플랫폼에서
상세히 확인해 보세요-:)

든든한 한 그릇 가지덮밥

☀ 가지를 노릇하게 구워 더 가볍게 즐기는 보양 요리 ☀

인분 수 **1인분**　준비 시간 **5분**　조리 시간 **20분**

재료

주재료 가지 1개(100g)
식용유 1스푼(10g)
밥 1공기(200g)

부재료 깻잎 3장(6g)

양념 연두순 1스푼(10g)
설탕 1스푼(10g)

만드는 법

700W 조리 시, 4분간 조리해요.

STEP 1. 가지 조리하기

필러로 껍질을 제거한 가지를 내열용기에 넣고 랩을 씌운 후 전자레인지에 3분간 조리해요 (1,000W 기준).

TIP 통째로 데워야 수분이 빠져나오지 않아요.

STEP 4. 밥 위에 가지와 깻잎 올리기

그릇에 밥을 담고 그 위에 한입 크기로 자른 구운 가지를 얹고, 채 썬 깻잎을 올리면 완성!

STEP 2. 깻잎과 가지 썰어 준비하기

조리된 가지는 세로로 깊게 칼집을 넣어 펼치고, 깻잎은 0.5cm 두께로 얇게 채 썰어요.

TIP 가지를 전자레인지에 조리한 후 썰어야 쪼개지지 않아요!

STEP 3. 가지 구워 양념에 졸이기

중불에 예열한 팬에 식용유를 두르고, 가지 겉면이 황금빛 갈색이 될 때까지 앞뒤로 각 2~3분간 노릇하게 구워요.
연두순과 설탕을 고루 섞은 뒤, 팬에 넣고 중약불로 낮춰 가지와 함께 1~2분간 졸여요.

🍳 가지 보관법

가지는 왜 자꾸 쪼글쪼글해질까요?
오래가는 기본 보관 방법부터
남은 가지 냉동하는 팁까지 알아보세요.

새미's 솔루션

새미네부엌 플랫폼에서
상세히 확인해 보세요-:)

풍미 가득 버섯불고기솥밥

인분 수 1인분   준비 시간 10분   조리 시간 60분

재료

주재료
불고기용 소고기 1줌(100g)
느타리버섯 1줌(50g)
양파 1/2개(140g)
대파 1/2대(50g)
쪽파 5줄기(25g)
식용유 2스푼(20g)

양념
연두순 3스푼(30g)
설탕 1.5스푼(15g)
다진 마늘 1/2스푼(5g)
후추 약간
참기름 약간
깨 약간

솥밥 재료
쌀 1/2컵(85g)
물 1/2컵(110ml)

🔍 솥밥용 솥이 있으면 좋아요!

만드는 법

STEP 1. 솥밥 준비하기

쌀이 깨지지 않게 가볍게 치대며 3회 씻은 후, 쌀알이 흰색이 될 때까지 약 10~30분 불려요.

TIP 쌀알이 흰색이 되었을 때가 충분히 불었을 때!

STEP 2. 불고기 재료 준비하기

느타리버섯은 4등분으로 찢고, 양파는 0.3cm 두께로 얇게 채 썰어요.
대파는 어슷 썰고, 쪽파는 0.1cm로 송송 썰어요.

STEP 3. 솥밥 만들기

솥에 불린 쌀과 물을 넣고 뚜껑을 덮어요.
중불로 15분 동안 가열하고, 약불로 줄여 10분간 뜸들이면 솥밥 완성!

TIP 물 양이 헷갈린다면? 불린 쌀과 물의 비율을 1:1로 맞춰 밥을 지어요.

STEP 4. 소고기 양념에 재우기

불고기용 소고기는 키친타올을 이용해 핏물을 제거하고, 볼에 담은 후 연두순, 설탕, 마늘, 후추를 넣어 5분간 재워요.

STEP 5. 버섯불고기 만들어 올려 완성하기

중불로 예열한 팬에 식용유를 두르고, 썰어둔 대파를 넣어 약 1분간 노릇하게 볶다가 양파를 넣어 갈색이 되도록 볶아요.
양념한 소고기와 느타리버섯을 넣고 센불로 올려 약 2분간 볶으면 버섯불고기 완성!
솥밥 위에 버섯불고기를 얹고 쪽파, 참기름, 깨를 곁들이면 완성!

🍳 **영양 가득 토마토해물솥밥**

색다른 솥밥에 도전하고 싶다면?
토마토와 해물이 만나 감칠맛이 UP!
집에 있는 재료로 간단하게 만드는 솥밥 레시피

새미's 솔루션

새미네부엌 플랫폼에서 상세히 확인해 보세요-:)

포슬포슬 두부밥

✧ 두부와 달걀로 만드는 가벼운 한 그릇 ✧

인분 수 **1인분** 준비 시간 **5분** 조리 시간 **10분**

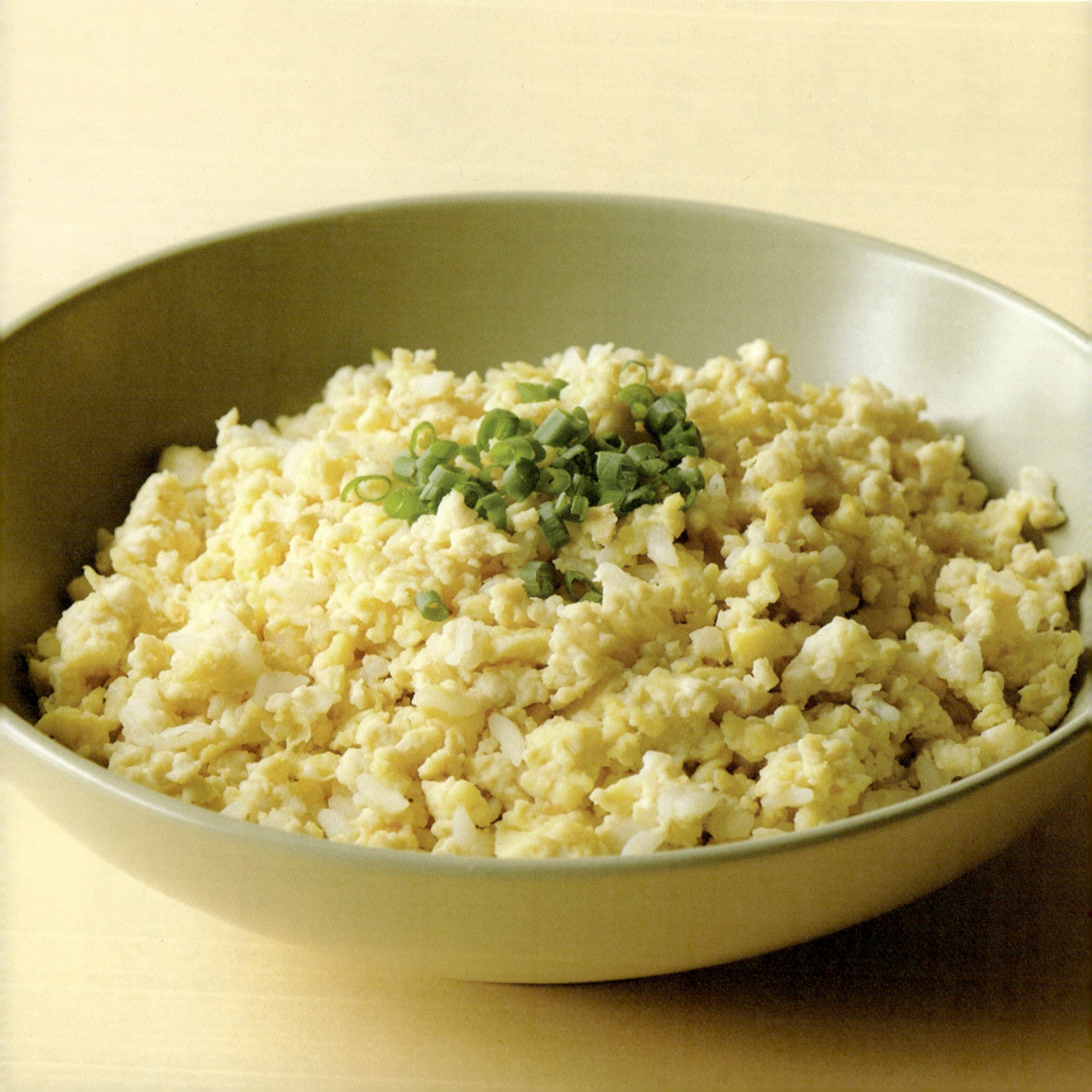

재료

주재료 두부 1/3모(100g) **부재료** 쪽파 1줄기(5g) **양념** 연두순 2스푼(20g)
달걀 2개(120g)
밥 2스푼(30g)

만드는 법

STEP 1. 두부와 쪽파 준비하기

두부는 키친타올로 물기를 제거한 후, 칼등으로 으깨요.
쪽파는 송송 썰어요.

TIP 두부에 수분이 많으면, 볶을 때 시간이 오래 걸리거나 요리가 질척해질 수 있어요.
미리 수분을 충분히 제거해요!

STEP 2. 달걀 준비하기

달걀을 깨서 흰자, 노른자를 골고루 섞어요.

STEP 3. 재료 볶기

중강불로 예열한 팬에 으깬 두부를 넣고 두부의 수분이 날아갈 때까지 3~4분간 볶아요.
중불로 낮춰 풀어둔 달걀물과 밥, 연두순을 한 번에 넣고 2~3분간 골고루 볶으면 완성!

TIP 완성된 두부밥을 유부초밥 속재료로 넣어도 담백하고 맛있어요!

새미's 솔루션

👨‍🍳 두부 보관법

남은 두부, 어떻게 보관하고 있나요?
냉장·냉동 보관법부터 개봉 후 관리까지
필요한 정보만 쏙 정리했어요.

새미네부엌 플랫폼에서
상세히 확인해 보세요-:)

아작아작 깍두기볶음밥

☀ 깍두기와 냉장고 속 원하는 재료를 잘게 썰어 볶아 매콤하게 완성해요 ☀

인분 수 **1인분** · 준비 시간 **10분** · 조리 시간 **15분**

재료

주재료 밥 1공기(200g)
　　　　　깍두기 1컵(160g)

부재료 두부 1/6모(50g)
　　　　　양파 2스푼(20g)
　　　　　쪽파 2줄기(10g)

양념 연두진 1스푼(10g)
　　　　고추기름 4스푼(40g)

만드는 법

STEP 1. 볶음밥 재료 준비하기

쪽파는 0.1cm 두께로 송송 썰어요.
깍두기, 두부는 사방 1cm 크기로 작게 깍둑 썰어요.
양파는 잘게 다져요.

STEP 2. 쪽파, 양파, 고추기름 넣고 볶기

팬에 고추기름을 넣고 중불로 예열한 후 양파와 쪽파 1줄기를 넣어요.
양파가 반투명해지고, 쪽파 향이 올라올 때까지 볶아요.

TIP 집에 고추기름이 없다면? 고춧가루와 식용유, 전자레인지만 있으면 가능! 고춧가루 8스푼(40g), 식용유 1컵(100g)을 섞어 전자레인지에 1분간 조리 후 체에 내리면 완성!

STEP 3. 깍두기, 두부, 연두진 넣고 볶기

볶은 재료에 깍두기, 두부를 넣고 2~3분간 골고루 볶다가, 두부 표면이 노릇해지면 팬의 가장자리 쪽으로 연두진을 넣어요.

TIP 팬 가장자리부터 연두진을 넣어, 팬의 열에 태우듯이 볶아주면 볶음밥에 스모키한 향을 더할 수 있어요!

TIP 깍두기(김치) 국물을 약 3스푼 정도 넣어주면 김치 맛을 더욱 진하게 느낄 수 있어요.

STEP 4. 밥을 넣고 볶기

밥을 넣어 중강불로 올려준 후, 고루 섞은 다음 밥알이 고슬고슬해지고 전체적으로 잘 섞이면 불을 끄고 남은 쪽파를 올리면 완성!

🍳 **초간단 깍두기**

무 썰고 양념에 쓱쓱 버무리면 끝!
새미네부엌 김치양념으로
초간단하게 만드는 깍두기 레시피

새미's 솔루션

새미네부엌 플랫폼에서
상세히 확인해 보세요-:)

후루룩 순두부계란수프

인분 수 **2인분**　준비 시간 **5분**　조리 시간 **5분**

재료

주재료 순두부 1봉(350g)
달걀 2개(120g)
물 2.5컵(500ml)
대파(흰 부분) 1/6개(10g)

양념 연두순 2스푼(20g)
참기름 약간
깨 1스푼(5g)

만드는 법

STEP 1. 대파와 순두부 준비하기

대파는 송송 먹기 좋은 크기로 썰어요.
순두부는 포장지의 반을 과감히 잘라 꺼낸 후, 원형 모양 그대로 숭덩숭덩 썰어요.

STEP 2. 내열용기에 재료 넣기

내열용기에 물과 연두순을 먼저 넣고 골고루 섞어요.
준비한 대파, 순두부와 달걀, 참기름을 모두 넣어요.

TIP 달걀을 부드럽게 풀어 먹고 싶다면, 물, 연두순과 함께 넣어 잘 섞어요.

STEP 3. 전자레인지에 5분간 조리하기

내열용기에 랩을 씌워준 후, 전자레인지에 5분간(1,000W 기준) 돌려요.
마지막에 깨를 올리면 완성!

새미's 솔루션

🍳 **순두부 그라탕**

순두부에 토마토소스와 달걀만 더하면 완성되는
따끈하고 든든한 그라탕!
전자레인지 5분 완성 레시피도 배워가세요.

새미네부엌 플랫폼에서
상세히 확인해 보세요-:)

넣고 돌리면 끝! 전자레인지 리조또

밥에 좋아하는 재료와 파스타소스 넣어 쓱쓱! 한 번에 만들어 냉동보관해도 좋아요

인분 수 **2인분** 준비 시간 **10분** 조리 시간 **10분**

재료

주재료 밥 1공기(200g)
모짜렐라 치즈 1봉(60g)

부재료 양파 1/4개(70g)
당근 약간(10g)
베이컨 1줄(20g)
그린 올리브 2알(15g)

양념 폰타나 카르니아 베이컨&머쉬룸
크림 파스타소스 1/2병(200g)
식용유 2스푼(20g)

만드는 법

1 

STEP 1. 부재료 준비하기

양파, 당근, 그린 올리브는 약 0.5cm 두께로 작게 다지고, 베이컨은 1cm 두께로 썰어요.

TIP 리조또에 들어갈 부재료는 취향에 따라 다양한 채소와 재료를 사용해도 좋아요.

2 

STEP 2. 재료 섞기

볼에 준비한 부재료와 밥, 식용유, 크림 파스타소스를 넣고 고르게 섞어요.

TIP 토마토 파스타소스 등 취향에 따라 다양한 파스타소스를 활용해도 좋아요!

3 

STEP 3. 전자레인지로 조리하기

내열 용기에 고르게 나눠 담은 후, 모짜렐라 치즈를 뿌려요.
전자레인지에 약 3~4분간 조리하면 완성(1,000W 기준)!

TIP 700W 전자레인지 조리 시, 5~6분간 조리해요.

소분해서 냉동 보관하다가
먹기 전에 전자레인지로 약 3~5분간
조리해 즐겨보세요.

🍳 **전자레인지 청소법**

전자레인지 내부, 어떻게 청소해야 할지 난감할 때
냄새 제거부터 찌든 때 제거까지
따라 하기 쉬운 청소법을 한눈에 볼 수 있어요!

새미's 솔루션

새미네부엌 플랫폼에서
상세히 확인해 보세요-:)

건강 연두 배추찜

☀ 연두만 더해 찌듯이 익혀 만드는 다이어트 요리 ☀

재료

주재료 알배추 1/2개(370g)　　**부재료** 훈제 오리 슬라이스 1팩(300g)　　**양념** 물 1컵(200ml)
부추 1줌(50g)　　　　　　　　　　　　　　　　　　　　　　　　　연두순 1스푼(10g)

오리고기용 소스 진간장 1.5스푼(15g), 설탕 1스푼(10g), 식초 1스푼(10g),
폰타나 홀그레인 머스타드 1/2스푼(5g), 물 5스푼(50g)

만드는 법

STEP 1. 배추, 부추 준비하기

알배추 1/2개(큰 잎 약 10장)는 한 잎씩 깨끗이 씻어 준비해요. 세척한 알배추는 4~5등분해 자르고 부추는 4~5cm 길이로 잘라요.

STEP 2. 고기 준비하기

훈제 오리는 끓는 물에 20~30초 정도 가볍게 데쳐요.

TIP 훈제 오리 슬라이스에 있는 나트륨과 기름 발색제 등의 첨가물을 가볍게 씻어주면 더 건강하게 먹을 수 있어요.

STEP 3. 냄비에 재료 넣기

냄비에 배추>훈제 오리>부추 순으로 겹겹이 쌓아 올린 후, 물과 연두순을 넣어 뚜껑을 닫고 중약불에 10분간 익혀요.

STEP 4. 소스와 곁들이기

완성된 배추찜은 소스와 함께 곁들여 먹으면 완성!

TIP 다른 고기에 맞는 소스는?
돼지고기: 다진 청양고추 1스푼, 레몬즙 1.5스푼, 설탕 1.5스푼, 액젓 1스푼, 다진 마늘 약간
소고기: 노른자 1개, 연겨자 약간, 설탕 2스푼, 식초 3스푼, 연두순 1스푼

오리고기 대신 소고기, 돼지고기를 이용해도 좋아요! 소고기(우삼겹), 돼지고기(대패삼겹) 등 지방이 있어 고소한 맛이 강한 부위를 추천해요.

새미's 솔루션

🍳 배추 세척&보관법

배추, 한 장씩 씻어야 할까? 통째로 씻어야 할까?
어떻게 씻고 보관하면 좋은지,
배추를 더 오래 신선하게 먹는 방법 총정리

새미네부엌 플랫폼에서
상세히 확인해 보세요-:)

떡국의 정석

인분 수 **1인분**　준비 시간 **5분**　조리 시간 **10분**

재료

주재료 떡국 떡 2줌(200g)   **부재료** 국거리용 소고기 1/2줌(50g)   **육수** 연두링(다시마표고야채) 1개(4g)
달걀 1개(60g)   연두순 2.5스푼(25g)
대파 1/3대(30g)   물 3.5컵(700ml)

고명(선택) 김가루 1스푼(10g)
고운 후추 약간(1g)

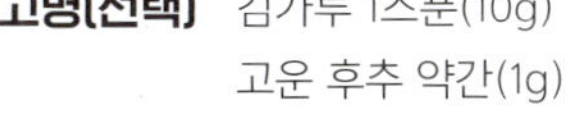

만드는 법

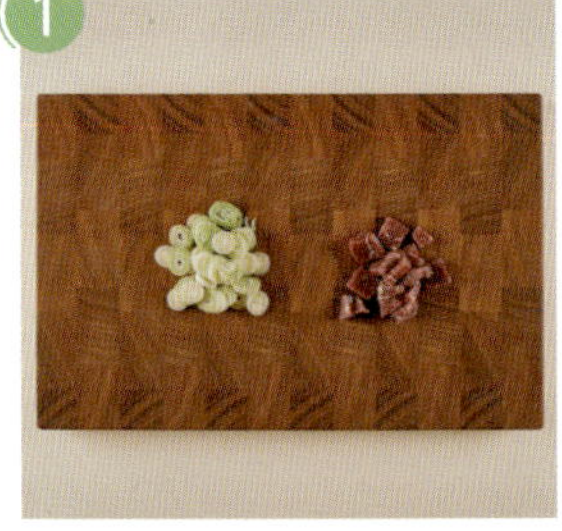

STEP 1. 재료 손질하기

국거리용 소고기는 키친타올을 이용해 핏물을 제거하고 대파는 송송 썰어요.

TIP 소고기는 잡내 제거를 위해 핏물을 제거하는 것이 좋아요.

TIP 국거리용에 적합한 소고기 부위는 양지, 사태, 앞다리살, 우둔살이 있어요.

STEP 2. 육수 끓이기

냄비에 물과 연두링, 연두순을 넣어 센불에서 한소끔 끓인 후, 소고기를 넣어 중불에서 3~5분간 더 끓여요.

TIP 깔끔한 육수를 위해 끓이는 도중 떠오르는 거품 등의 부유물은 스푼, 국자를 이용해 제거해요.

TIP 떡국 육수 취향에 따라 연두링은 사골과 한우, 멸치디포리 등 다양한 맛으로 변경해도 좋아요.

STEP 3. 완성하기

냄비에 떡을 넣어 중불에서 2분간 끓여요.
잘 풀어준 달걀물을 한 바퀴 돌려 30초~1분간 더 조리하고, 썰어둔 대파를 넣으면 완성!

TIP 시판용 떡국 떡을 구매했다면, 보존제 등 첨가물에 의한 나쁜 풍미를 제거하기 위해 사용 전 한 번 씻어요.

🍳 **떡국 육수 팁**

어떻게, 어떤 맛으로 떡국 육수를 내야 할지 고민이라면?
코인육수부터 샤브샤브육수까지-
내 취향에 맞는 맛있는 육수 만드는 법 알려드릴게요!

새미's 솔루션

새미네부엌 플랫폼에서
상세히 확인해 보세요-:)

간편 사골 만둣국

인분 수 **2인분**　준비 시간 **10분**　조리 시간 **10분**

재료

주재료 왕만두 4~5개(300g) **부재료** 떡국 떡 1줌(100g) **양념** 후추 약간 **사골국물 육수** 물 3컵(600ml)
조미김 1장(2g)   연두링(사골과 한우) 2개(8g)
대파 1/4대(25g)
달걀 1개(60g)

만드는 법

STEP 1. 재료 준비하기

파는 송송 썰고 달걀 1개는 볼에 풀어요.
조미김은 잘게 부숴 준비해요.

TIP 시판용 떡은 보존제 냄새 제거를 위해 한 번 씻어 준비하면 좋아요.

STEP 2. 육수에 만두, 떡 넣고 끓이다 달걀 넣기

냄비에 물과 연두링을 넣고 한소끔 끓여 사골육수를 만들고, 끓어오르면 만두와 떡을 넣어 5분간 끓여요.
만두가 떠오르면 풀어둔 달걀물을 넣어요.

TIP 떡과 만두의 양은 취향에 따라 조절해요.

STEP 3. 부재료 얹기

달걀이 몽글몽글 익으면 거품을 제거하고 파와 후추를 넣으면 완성!
접시에 담아 취향에 따라 김가루를 뿌려요.

🍳 시원칼칼 만두전골

깔끔하게 또는 얼큰하게 취향대로!
만두와 야채만 넣고 끓이면 금방 완성되는
시원칼칼한 전골 레시피도 확인해 보세요.

포장마차맛 잔치국수

☀ 연두링과 자투리 채소로 금방 완성하는 추억의 잔치국수 ☀

인분 수 **1인분**　준비 시간 **10분**　조리 시간 **10분**

재료

주재료 소면 1줌(100g)

부재료 양파 1/4개(70g)
당근 약간(10g)
애호박 1/6개(50g)

육수 연두순 2스푼(20g)
물 4컵(800ml)
연두링(멸치디포리) 2개(8g)

만드는 법

STEP 1. 재료 준비하기

양파, 당근, 애호박은 0.5cm 두께로 얇게 채 썰어요.

STEP 2. 육수 만들기

냄비에 육수 재료를 넣고 끓어오르면 양파, 당근, 애호박을 넣어 중불에서 약 5분간 더 끓여요.

TIP 육수를 끓이면서 올라오는 부유물을 제거하면 국물을 더 깔끔하게 즐길 수 있어요.

STEP 3. 소면 삶기

끓는 물에 소면을 넣어 약 3분 30초~4분간 삶은 후, 찬물에 헹궈서 물기를 제거하고 접시에 담아요.

TIP 소면에는 전분질이 많아 육수에 넣어 바로 끓이면 국물이 끈적하고 뿌예질 수 있어요. 소면은 따로 삶아주는 것이 키 포인트!

STEP 4. 완성하기

삶은 소면 위로 육수를 부으면 완성!

TIP 기호에 따라 조미김 1장을 부셔 넣거나 잘라 올려도 좋아요.

TIP 볶은 소고기나 들기름 볶음김치를 고명으로 곁들여도 GOOD!

새미's 솔루션

🍳 쫄깃 탱글 국수 삶는 법

국수, 매번 삶을 때마다 들러붙고 퍼지는 느낌이라면?
쫄깃한 면빌을 위한 핵심 포인트와
간단하게 먹는 밀프렙 방법까지 챙겨가세요.

새미네부엌 플랫폼에서
상세히 확인해 보세요-:)

별미 참외 메밀소바

인분 수 **1인분**   준비 시간 **5분**   조리 시간 **5분**

재료

주재료 메밀면(건면) 2줌(180g) **부재료** 쪽파 2줄기(10g) **양념** 새미네부엌 고깃집 양파절임소스 1병(300g)
참외 1개(300g)   물 1컵(200ml)

만드는 법

STEP 1. 재료 손질하기

껍질을 제거한 참외는 반으로 자른 후, 수저를 이용해 씨를 제거하고 1cm 두께의 반달 모양으로 썰어요.
쪽파는 0.5cm 두께로 송송 썰어요.

TIP 참외 껍질을 듬성듬성 손질하면, 색감이 더 예쁜 요리를 연출할 수 있어요.

STEP 2. 재료 절여 소바소스 만들기

볼에 새미네부엌 양파절임소스, 물, 참외를 넣어 냉장고에서 약 1시간~1시간 30분가량 숙성시켜요.

소바 더 다양하게 먹는 법!
참외 대신 반으로 썬 방울토마토(10개)
혹은 씨를 빼 반달 모양으로 썬 오이(1개),
송송 썬 아삭이고추 혹은 풋고추(10~12개),
채 썬 양파(1/2개) 등을 넣어 숙성시켜도 좋아요!
재료별 다양한 맛이 어우러져 다채로운 맛을 느낄 수 있답니다.

STEP 3. 면을 삶아 완성하기

끓는 물에 메밀면을 넣어 4~5분간 삶아준 후, 흐르는 물에 씻어 물기를 제거해 그릇에 담아요.
메밀면을 숙성한 소스에 찍어 먹으면 완성!

TIP 송송 썬 쪽파를 소스에 뿌리거나 면에 곁들여 즐겨도 좋고, 취향에 따라 무순, 와사비 등을 곁들여
도 좋아요.

메밀면 대신 소면 등을
활용해 보세요!

🍳 고단백 샐러드 국수

고단백면에 상큼한 올리브 토마토 절임을 쓱 올려 한입!
칼로리는 가볍게, 단백질은 꽉 채워주는
샐러드 국수 레시피도 함께 확인해 보세요.

새미's 솔루션

새미네부엌 플랫폼에서
상세히 확인해 보세요-:)

건강 품은 찜채소비빔밥

☀ 한 번에 쪄내 기름 한 방울 없이 만드는 건강 한 그릇 ☀

인분 수 **2인분**　　준비 시간 **10분**　　조리 시간 **10분**

재료

주재료 밥 2공기(400g)
콩나물 1/2줌(50g)
당근 1/4개(50g)
느타리버섯 1줌(50g)

부재료 애호박 1/6개(50g)
양파 1/4개(70g)
무 1/10개(100g)
표고버섯 2개(60g)
청상추 8장(40g)

양념 조선고추장 4스푼(40g)
연두순 2스푼(20g)
참기름 1스푼(10g)
깨 1스푼(5g)

찜 채소용 조리수 물 5스푼(50ml)
연두순 3스푼(30g)

만드는 법

STEP 1. 재료 손질하기

콩나물은 물에 씻고 물기를 빼 준비해요.
애호박, 당근, 무, 양파, 표고버섯, 청상추는 길이 5cm, 두께 0.5cm로 채 썰어요.
느타리버섯도 비슷한 사이즈로 찢어요.

TIP 채소와 버섯은 원하는 재료만 넣거나 좋아하는 재료를 추가해도 좋아요!

STEP 3. 양념장 만들기

양념 재료를 섞어 비빔밥 양념장을 만들어요.

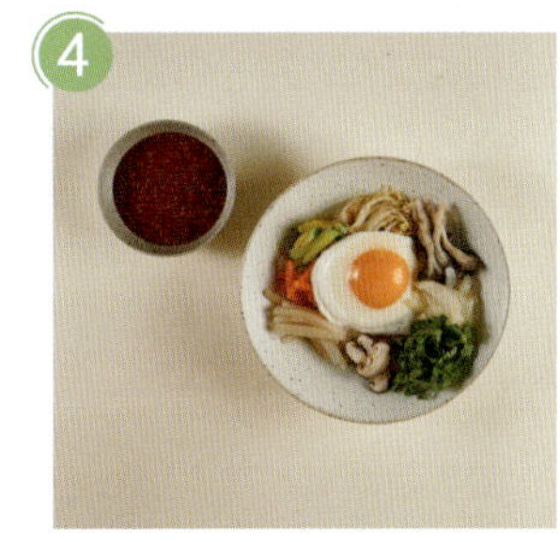

STEP 4. 완성하기

밥을 완성 접시에 먼저 담은 후, 익힌 채소와 버섯 그리고 청상추, 양념장을 먹음직스럽게 담으면 완성!

TIP 취향에 따라 달걀 프라이를 올려도 좋아요.

STEP 2. 채소 찌기

냄비 혹은 프라이팬에 손질한 당근, 무와 찜 채소용 조리수를 담고, 그 위에 청상추를 제외한 나머지 채소와 버섯을 돌려 담아요.
뚜껑을 덮어 센불에서 3분 30초간 쪄요.

새미's 솔루션

🍳 **소고기 약고추장**

한 번 만들어 두면 30일까지도 OK!
비빔밥으로도 OK! 양념으로도 OK!
밥 한 그릇 '순삭' 하는 마법소스를 만들어 보세요.

새미네부엌 플랫폼에서
상세히 확인해 보세요-:)

정성 들인 요리는 마음을 전하는 가장 따뜻한 방식이에요. 특별한 날은 물론, 평범한 하루도 한 끼의 힘으로 특별해지죠. 함께 둘러앉아 나누는 순간, 음식은 더 맛있어지고 기억은 더 깊어져요.
소중한 사람과 함께하는 식탁, 오늘은 조금 더 특별하게 차려볼까요?

PART 4

특별한 요리
(메인 디시&홈파티)

"소중한 사람과 함께 나눠요"

마늘 향 가득 알리오올리오

☀ 면수와 마늘 기름이 잘 섞이는 유화 포인트가 킥! ☀

인분 수 **2인분**　준비 시간 **5분**　조리 시간 **15분**

재료

주재료 스파게티면 2줌(160g)
마늘 24개(120g)
식용유 1/2컵(100g)

부재료 크러시드 레드 페퍼 혹은
페페론치노 1/2스푼(2g)
파슬리 약간

양념 면수 1/2컵(100ml)
연두진 1.5스푼(15g)

면 삶기용 물 2L
소금 1스푼(10g)

> 10분만에 완성하고 싶다면? 초간단 버전으로도 해봐요!
> 면 삶고, 폰타나 아브루초 피칸테 알리오올리오
> 파스타소스 1/3병(150g) 붓고, 1분 버무리면 끝!

만드는 법

STEP 1. 스파게티면 삶기

물 2L에 소금 1스푼을 넣고 물이 끓으면 스파게티면을 넣어 6분간 삶아요.
면수(면 삶은 물)는 1/2컵(100ml) 정도 따로 빼둬요.

TIP 삶은 면은 오일을 살짝 뿌리고 버무려 마르지 않게 해요.

STEP 2. 면수에 양념하기

따로 빼둔 면수에 연두진을 넣고 잘 섞어요.

STEP 4. 마늘 볶기

팬에 식용유를 넣고 편으로 썬 마늘을 먼저 골드브라운 색이 될 때까지 약불에 익혀 건져요.
다진 마늘을 넣고 골드브라운 색이 날 때까지 볶다가 크러시드 레드 페퍼를 넣어 매운맛을 더해요.

TIP 마늘의 향과 크러시드 레드 페퍼의 매운맛을 잘 끌어올리고 싶다면 향이 강한 올리브유보다는 포도씨유나 카놀라유를 추천해요.

> 편마늘을 따로 빼두고
> 마지막에 넣으면 바삭한 식감 토핑으로
> 활용할 수 있어요.

> 알리오올리오의 포인트는 유화 과정!
> 유화는 물(면수)과 기름(마늘기름)이 잘 섞이는 과정이에요.
> 처음부터 면수를 많이 넣으면 걸쭉한 농도를 만들기 어려워서
> 2~3번에 나눠 넣어 잘 저어주며 유화시키는 게 좋아요.

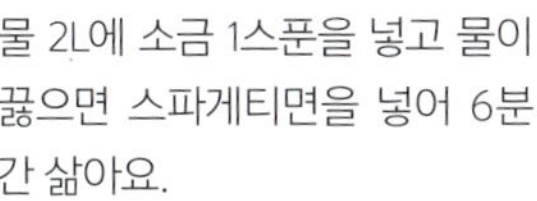

STEP 3. 마늘 준비하기

마늘의 절반은 0.2cm 두께로 얇게 편 썰고, 나머지는 굵게 다져 준비해요.

TIP 마늘은 최대한 같은 사이즈로 일정하게 썰어야 고르게 익어요.

STEP 5. 완성하기

면수를 2번에 나눠 넣어 센불에서 빠르게 저어가며 잘 유화되게 해요.
소스가 걸쭉해지면 중약불로 줄이고 삶아둔 면을 넣고 소스와 잘 섞이며 전분질이 나오도록 팬을 돌리며 섞어요.
익혔던 편마늘을 넣어 저은 후, 다진 파슬리를 뿌리면 완성!

TIP 생 파슬리를 활용하면 요리의 향미가 업그레이드돼요!

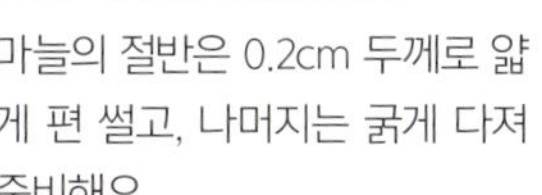

🍳 이것만 알면 휘뚜루마뚜루 파스타 가능!

왜 같은 파스타인데 어떤 날은 탱글, 어떤 날은 뭉칠까?
면 삶는 법만 달라도 식감이 완전히 달라진다는 사실!
실수 없는 파스타 만드는 핵심만 쏙 짚어 알려드려요.

새미's 솔루션

새미네부엌 플랫폼에서
상세히 확인해 보세요-:)

제대로 크림파스타

인분 수 **1인분**　준비 시간 **10분**　조리 시간 **20분**

재료

주재료 스파게티면 1줌(80g)
양파 1/4개(70g)
베이컨 2줄(40g)
식용유 1스푼(10g)

양념 생크림 1/2컵(100g)
물 1/2컵(100ml)
연두진 1스푼(10g)
크러시드 레드 페퍼 1/4스푼(1g)
후추 1/3스푼(1.5g)

면 삶기용 물 2L
소금 1스푼(10g)

부재료(선택) 그라노파다노
치즈 약간

만드는 법

STEP 1. 스파게티면 삶기

물 2L에 소금 1스푼을 넣고 물이 끓으면 스파게티면을 넣어 7분간 삶아요.

TIP 삶은 면은 오일을 살짝 뿌리고 버무려 마르지 않게 해요.

STEP 2. 양파, 베이컨 썰기

양파는 굵게 다지고, 베이컨은 1cm 두께로 썰어요.

STEP 3. 크림소스 만들기

생크림, 물, 연두진, 크러시드 레드 페퍼, 후추를 섞어 소스를 만들어요.

TIP 후추의 향을 극대화하려면 마른 팬에 통후추를 약불로 볶은 다음 바로 갈아 사용해 보세요.

STEP 4. 양파, 베이컨 볶기

팬에 식용유를 두르고 중약불에 베이컨과 양파를 노릇하게 볶아요.

TIP 중약불로 구워 베이컨의 기름이 잘 나올 수 있도록 천천히 익히는 것이 포인트!

STEP 5. 완성하기

팬에 만들어둔 크림소스를 부은 후, 센불에 끓여요.
소스가 보글보글 끓어오르면 삶은 면을 넣고 면에 소스가 걸쭉하게 묻어나올 때까지 섞으면 완성!

TIP 그라나파다노 치즈를 취향껏 갈아 뿌리면 더 맛있어요!

생크림을 사용한 제대로 레시피가 번거롭다면,
폰타나 카르니아 베이컨&머쉬룸 크림 파스타소스로
초간단하게 할 수 있어요!
파스타 삶고→폰타나 카르니아 베이컨
&머쉬룸 크림 파스타소스 1/2병(200g) 붓고→섞으면 끝!

🍳 다양한 롱파스타 종류

어떤 면을 고르느냐에 따라 달라지는
파스타 식감과 맛의 농도!
다양하고 새로운 롱파스타의 세계를 알아보아요.

새미's 솔루션

새미네부엌 플랫폼에서
상세히 확인해 보세요-:)

쏙쏙! 소시지 파스타

☀ 소시지에 파스타를 쏙쏙 꽂아 재밌게 만들어요 ☀

인분 수 **1인분**   준비 시간 **5분**   조리 시간 **10분**

재료

주재료　스파게티면 1줌(80g)　　**양념**　폰타나 나폴리 뽀모도로　　**면 삶는 용**　물 2L
　　　　　비엔나 소시지 12개(180g)　　　　　토마토 파스타소스 1봉(150g)　　　　　소금 1스푼(10g)

만드는 법

STEP 1. 소시지에 스파게티면 꽂기

스파게티면을 반으로 자르고, 비엔나 소시지도 반으로 썰어요.
비엔나 소시지에 면을 꽂아요.

STEP 2. 스파게티면 삶기

물 2L에 소금 1스푼을 넣고 물이 끓어오르면 소시지 파스타를 넣어 8분간 삶아요.

TIP　중간중간 젓가락으로 잘 저어야 골고루 익어요.

TIP　소시지를 꽂아 1~2분 더 익혀야 해요. 한 가닥 먹었을 때 딱딱하게 씹히지 않을 정도까지 삶아요.

STEP 3. 소스 붓기

면을 삶은 냄비에서 물만 따라 버려요.
면 위에 토마토 파스타소스를 부어 잘 섞일 수 있도록 한 차례 볶으면 완성!

TIP　토마토 파스타소스를 접시에 담아 전자레인지 조리한 후, 그 위에 삶은 면을 올려 비벼도 좋아요.

새미's 솔루션

로제 마라파스타

부드러운 로제 속에 확 퍼지는 마라의 향,
맵부심에 따라 마라 소스를 조절해
취향 따라 즐길 수 있어요.

새미네부엌 플랫폼에서
상세히 확인해 보세요-:)

척척 밥솥 소고기토마토스튜

전기밥솥에 재료만 넣으면 근사한 스튜 완성!

인분 수 **2인분** 준비 시간 **10분** 조리 시간 **50분**

재료

주재료 소고기 등심 약 1/3근(250g)
물 1컵(200ml)

부재료 양파 1/2개(140g)
당근 1/2개(100g)
새송이버섯 1개(50g)
감자 1개(150g)

양념 폰타나 나폴리 뽀모도로 토마토 파스타소스
2봉 혹은 3/4병(300g)
연두순 1스푼(10g)

만드는 법

STEP 1. 재료 썰기

소고기 등심은 사방 3~4cm 크기로 큼직하게 큐브 모양으로 썰어요.
감자와 당근은 껍질을 제거한 뒤에 들쭉날쭉 마구 썰기로 8등분해서 썰어요.
새송이버섯과 양파는 감자 사이즈와 동일하게 깍둑 썰어요.

TIP 스튜에 사용하기 좋은 소고기 부위는 등심 외에도 목심, 앞다리살, 양지머리, 사태, 갈비살 등이 있어요.

STEP 2. 스튜 끓이기

전기밥솥에 손질한 모든 재료와 물, 연두순과 토마토 파스타소스를 넣고 찜모드로 50분간 조리하면 완성!

TIP 양지나 사태 등 질긴 소고기 부위는 조리 시간을 조금 더 늘리면 좋아요.

TIP 완성된 스튜 위에 파슬리를 뿌리면 더 예쁘게 담을 수 있어요!

TIP 빵이나 바게트 등과 곁들여 먹어도 좋아요.

새미's 솔루션

🍃 **압력밥솥의 매력**

밥솥으로 요리하면 더 맛있는 이유가 궁금하다면?
압력에 숨겨진 과학적 원리를 알아보고,
맛있는 밥솥 요리에 도전해 봐요.

새미네부엌 플랫폼에서
상세히 확인해 보세요-:)

따로따로 찹스테이크

인분 수 **2인분**   준비 시간 **10분**   조리 시간 **20분**

재료

주재료 소고기 채끝 약 1줌(150g)
식용유 2스푼(20g)

부재료 양파 1/4개(70g)
청피망 1/4개(20g)
홍피망 1/4개(20g)
마늘 2개(10g)

양념 폰타나 스모키 비비큐
치킨&립소스 3스푼(30g)

밑간용 소금 약간, 후추 약간

만드는 법

STEP 1. 재료 준비하기

소고기는 키친타올을 이용해 핏물을 제거한 후, 소금, 후추로 밑간해요.
밑간한 소고기는 사방 3.5cm 크기로 썰어요.
양파와 청피망, 홍피망도 동일한 크기로 깍둑썰기 하고, 마늘은 0.5cm 두께로 얇게 슬라이스해요.

TIP 피망은 파프리카로 대체해 사용해도 좋아요.

TIP 취향에 따라 양송이버섯 등 다양한 재료를 추가해도 OK!

STEP 3. 같은 팬에 채소 볶기

고기를 구웠던 팬 그대로 사용해 손질한 채소를 넣고 센불에서 약 1분간 빠르게 볶아요.

STEP 2. 소고기 굽기

중강불로 예열한 팬에 식용유를 두른 후, 소고기 겉면이 노르스름해지도록 굽고, 잘 익은 고기는 팬에서 꺼내 잠시 레스팅해요.

TIP 풍미를 높이고 싶다면 소량의 버터를 함께 넣어 구워도 좋아요.

STEP 4. 고기와 소스 넣고 볶기

볶은 채소에 레스팅해둔 고기를 다시 넣고 소스를 더해 한 번 섞으면 완성!

새미's 솔루션

🍳 찹스테이크 제대로 하는 법

고기 채소 따로 볶기 vs 다같이 볶기
조리법의 차이가 어떤 변화를 만드는지
우리맛 연구원의 실험 솔루션으로 알아보아요.

새미네부엌 플랫폼에서
상세히 확인해 보세요-:)

집에서도 목살 스테이크

☀ 레스토랑에 가지 않아도 근사하게 ☀

인분 수 **2인분**　준비 시간 **10분**　조리 시간 **15분**

재료

주재료 돼지고기 목살 2~3장(300g)　　　　**양념** 폰타나 스모키 비비큐 치킨&립소스 1/3병(100g)

플레이팅 재료 믹스샐러드 1줌(50g), 폰타나 레몬 허브 딜 타르타르 드레싱 1스푼(10g),
캔 파인애플 1개(50g), 방울토마토 2개(30g), 달걀 1개(60g)

만드는 법

① STEP 1. 고기 굽기

중불로 예열한 팬에 목살을 올려 앞뒤로 1~2분씩 뒤집어가며 타지 않게 노릇노릇하게 구워요.

TIP 목살은 약 0.5cm 두께 정도의 너무 두껍지 않은 것으로 준비하면 좋아요!

두꺼운 목살을 사용한다면 양면이 노릇해지며 80% 정도 익을 때까지 조리 시간을 늘려요.

② STEP 2. 소스 넣고 스테이크 완성하기

불을 약불로 줄이고, 구운 목살 위에 폰타나 스모키 비비큐 치킨&립소스를 넣어요.
소스가 고기에 잘 스며들도록 약 2분간 졸여요.

③ STEP 3. 예쁘게 플레이팅하기(선택)

접시에 믹스샐러드와 방울토마토, 파인애플을 올리고 드레싱을 뿌려요.
달걀 프라이를 부쳐 함께 담아요.
목살 스테이크를 접시에 올린 뒤 팬에 남은 소스를 고기 위로 뿌리면 완성!

TIP 플레이팅 재료와 드레싱은 취향대로 자유롭게 선택해요.

새미's 솔루션

🍳 취향별 달걀 프라이 만들기

노른자 이힘 하나로 취향이 완전히 갈리는 달걀 프라이!
써니사이드업부터 반숙, 완숙까지-
집에서도 원하는 식감 그대로 만드는 핵심 비법!

새미네부엌 플랫폼에서
상세히 확인해 보세요-:)

왕초보도 만드는 에그인헬

☀ 토마토소스에 달걀만 톡! 요리 초보도 가능한 홈파티 요리 ☀

🕳 인분 수 **2인분**   ⏱ 준비 시간 **5분**   👨‍🍳 조리 시간 **10분**

재료

주재료 달걀 2개(120g)
식용유 2스푼(20g)

부재료 비엔나 소시지 3개(45g)
양파 1/2개(140g)
빨간 파프리카 1/3개(60g)
다진 마늘 1스푼(10g)

양념 폰타나 나폴리 뽀모도로 토마토 파스타소스 1봉(150g)
폰타나 엑스트라버진 올리브유 오히블랑카 2스푼(20g)
후추 약간

만드는 법

STEP 1. 재료 썰기

양파, 파프리카는 0.5cm 두께로 다져요.
소시지는 1cm 두께로 송송 썰어요.

TIP 집에 있는 다른 채소로 대체하거나 베이컨, 닭가슴살 등을 넣어도 좋아요.

STEP 2. 재료 볶고 소스 넣기

중불로 예열한 팬에 식용유를 두르고 다진 마늘과 양파를 넣어 3~4분간 볶아요.
소시지와 파프리카, 토마토 파스타소스를 넣고 약불에서 2분간 더 조리해요.

TIP 치즈를 좋아한다면 마무리에 모짜렐라 치즈를 넣어 소스와 함께 잘 섞어요.

STEP 3. 달걀 익혀 완성하기

볶은 소스 위로 달걀의 모양이 깨지지 않게 넣고 흰자 부분이 70% 정도 익을 때까지 중약불에 끓여요.
마무리로 후추와 올리브유를 적당히 뿌리면 완성!

TIP 마무리로 파슬리를 뿌리면 더 향긋해요.

TIP 에그인헬은 바게트나 빵과 함께 즐겨도 좋고, 애피타이저로 활용해도 좋아요.

새미's 솔루션

🧑‍🍳 **마라맛 에그인리얼헬**

매운맛 러버들을 위한
마라맛 버전 에그인헬도 준비했어요!
색다른 맛으로도 즐겨보아요.

새미네부엌 플랫폼에서
상세히 확인해 보세요-:)

골든 감바스 알 아히요

인분 수 **2인분** 준비 시간 **10분** 조리 시간 **15분**

재료

주재료 새우 10마리(200g)
마늘 20개(100g)
양파 1/4개(70g)
식용유 1컵(200g)

부재료 크러시드 레드 페퍼 1/2스푼(3g)
타임 1줄(0.5g)
파슬리 약간

양념 연두순 2스푼(17g)
후추 약간

만드는 법

STEP 1. 마늘, 양파 준비하기

마늘과 양파는 굵게 다져서 준비해요.

STEP 2. 새우 준비하기

새우는 흐르는 물에 한 번 씻어 키친타올로 물기를 제거해요.

TIP 너무 크지 않은 냉동 칵테일새우, 자숙 새우 등을 추천해요.

TIP 껍질 있는 새우는 쓴맛 제거를 위해 껍질과 내장을 제거한 후 사용해요. 자세한 내용은 아래 새미's 솔루션에서!

STEP 3. 마늘, 양파 익히기

팬에 식용유 1컵을 넣고 마늘과 양파를 넣어 골드 브라운색이 날 때까지 약불에 천천히 끓여요.

TIP 마늘과 양파 맛이 충분히 나오도록 중약불 이하에서 끓여 주세요.

STEP 4. 새우 넣고 익히기

새우를 넣고 연두순과 후추, 크러시드 레드 페퍼, 타임을 넣어 중약불로 한소끔 끓인 후, 새우 색이 모두 변할 때까지 익으면 불을 꺼요.
마지막에 파슬리를 뿌리면 완성!

TIP 타임을 넣으면 시원한 허브향을 줄 수 있어요. 타임과 파슬리가 없다면 생략 가능해요.

TIP 식빵 또는 바게트와 함께 즐기면 더 맛있어요.

🍳 새우 고르기&손질하기

어느 요리에나 잘 어울리는 새우.
어떻게 고르고, 어떻게 손질하면 좋을까요?
새우를 오래 보관하는 방법까지 한눈에 알려드려요.

새미's 솔루션

새미네부엌 플랫폼에서
상세히 확인해 보세요-:)

마늘 소스 항정살수육

인분 수 **2인분**　준비 시간 **10분**　조리 시간 **70분**

재료

주재료 통항정살 500g
물 1L
새미네부엌 수육보쌈육수 1봉(100g)

양념 다진 마늘 2스푼(20g)
다진 양파 2스푼(20g)
연두순 2스푼(20g)
식초 2스푼(20g)
알룰로스 2스푼(20g)
후추 약간

만드는 법

STEP 1. 고기 삶기

냄비에 새미네부엌 수육보쌈육수, 물 1L와 항정살을 넣고 센불에서 끓여요.

TIP 항정살 대신 돼지고기 앞다리살, 삼겹살 수육용으로 대체해도 좋아요.

STEP 2. 마무리하기

물이 끓기 시작하면 약불로 줄여 뚜껑을 닫고 1시간 끓인 후, 한 김 식혀 먹기 좋은 크기로 썰어요.

STEP 3. 마늘 소스 만들기

양념 재료를 섞어 마늘 소스를 만들고 수육과 함께 곁들여요.

TIP 알룰로스가 없다면 설탕 1.5스푼 혹은 올리고당 2.5스푼으로 대체하세요.

🍳 **돼지고기 잡내 줄이기**

돼지고기 잡내의 근본적인 원인부터

구매·보관·조리 단계별 해결법까지!

돼지고기 잡내 싸악 잡는 법 총정리 버전을 확인해 보세요.

새미's 솔루션

새미네부엌 플랫폼에서
상세히 확인해 보세요-:)

초보도 가능한 삼겹 김치찜

인분 수 **4인분**　준비 시간 **15분**　조리 시간 **60분**

재료

주재료 김치 1/4포기(650g), 구이용 삼겹살 1근(600g)
대파 1대(100g), 마늘 8개(40g), 식용유 5스푼(50g)
물 1/2컵(100ml), 김칫국물 1/4컵(50g)

양념 고춧가루 2스푼(20g), 연두순 2스푼(20g)
연두링(멸치디포리) 1개(4g)

부재료 청양고추 1/2개(5g)
홍고추 1/3개(5g)

만드는 법

STEP 1. 재료 준비하기

김치는 모양을 유지할 수 있도록 결대로 4~5등분 찢어 준비해요. 삼겹살은 한입 크기(5cm)로 썰고, 대파는 1cm, 청양고추와 홍고추는 0.5cm 어슷썰기해요. 마늘은 꼭지를 제거하고 칼등을 이용해 살짝 으깨요.

TIP 통마늘을 으깨서 사용하면 국물을 깔끔하게 요리할 수 있어요. 다진 마늘 4스푼(40g)으로 대체해도 좋아요.

TIP 고기는 익으면 부피가 줄어들 것을 생각해 적당한 크기로 잘라요.

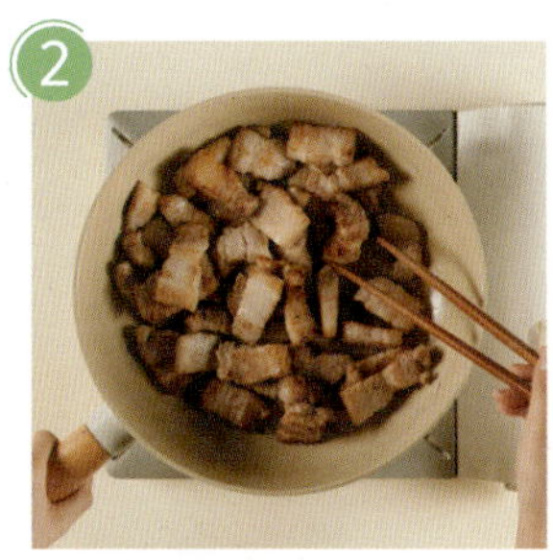

STEP 2. 삼겹살 볶기

센불로 예열한 팬에 식용유를 두르고 삼겹살을 넣어 노릇해질 때까지 볶아요.

TIP 삼겹살을 먼저 볶아 기름을 충분히 낸 다음 고춧가루와 함께 볶으면 풍미가 더 높아져요!

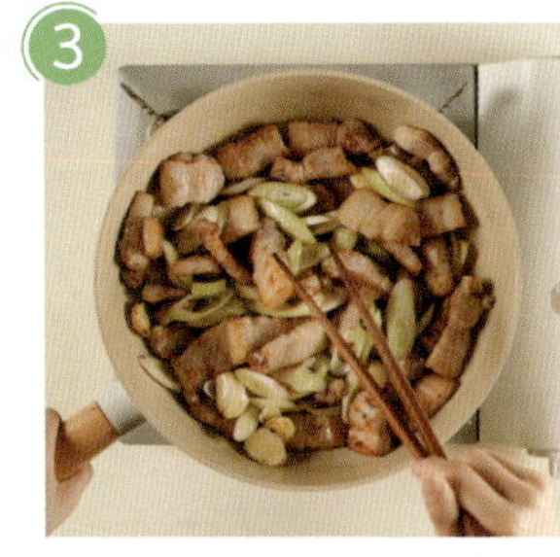

STEP 3. 마늘, 대파, 고춧가루, 연두순 넣기

마늘과 대파를 1~2분간 볶다가 중약불로 줄이고 고춧가루와 연두순을 넣어 20~30초 볶아요.

TIP 고춧가루는 자칫 탈 수 있어서 중약불에서 빠르게 볶는 걸 추천해요!

STEP 4. 김치와 육수 넣기

삼겹살 위에 김치를 올리고 김칫국물, 물, 연두링을 넣어요.

TIP 연두링 맛 추천! 멸치디포리는 깊은 맛, 다시마표 고야채는 깔끔한 맛이에요. 취향대로 골라 넣어요.

STEP 5. 중불에서 40분 끓여 완성

어슷 썬 청양고추, 홍고추를 넣고 중불에서 약 40분간 뚜껑을 덮어 푹 끓이면 완성!

👨‍🍳 **배추김치 썰기**

매일 먹는 필수 밥반찬!
먹기 좋고, 보기에도 좋은 배추김치 써는 법.
김치 겹쳐 썰기의 포인트를 배워가세요.

새미네부엌 플랫폼에서
상세히 확인해 보세요-:)

진한 맛 닭볶음탕

☀ 지지고 볶아 잡내 잡고 풍미는 진하게! 특별한 조리법이 만드는 맛의 차이 ☀

인분 수 **2인분**　준비 시간 **20분**　조리 시간 **35분**

재료

주재료 닭볶음탕용 닭 1마리(1kg), 감자 2개(300g)
당근 1/2개(100g), 양파 1개(280g)
대파 1/2대(50g), 마늘 7개(35g)
식용유 4스푼(40g), 물 1.5컵(300ml)

양념 고춧가루 3스푼(15g), 물 5스푼(50g)
진간장 2스푼(20g), 조선고추장 10스푼(100g)
참기름 1스푼(10g), 설탕 2스푼(20g), 후추 약간

부재료(대체 가능) 청양고추 1개(10g), 홍고추 1/2개(15g)

만드는 법

①

STEP 1. 재료 준비하기

감자와 당근은 세척 후 껍질을 제거해 한입 크기로 들쭉날쭉 썰어요.
양파는 8등분하고 마늘은 칼등으로 살짝 으깨 준비해요.
대파, 청양고추, 홍고추는 0.5cm 두께로 어슷 썰어요.

TIP 통마늘은 으깨서 사용하면 국물을 깔끔하게 요리할 수 있어요. 통마늘이 없다면 다진 마늘 3.5스푼(35g)으로 대체해도 좋아요.

②

STEP 2. 양념 만들기

양념 재료를 모두 섞어요.

③

STEP 3. 손질한 닭 굽기

센불에서 1분 예열한 팬에 식용유를 두르고 닭을 넣어 양면을 골고루 5분 동안 구워요.

TIP 닭을 요리하기 전, 뼈 사이사이의 핏물과 잔여 내장을 키친타올로 닦아요. 끓는 물에 5~10분 정도 데친 후, 손질해도 좋아요.

④

STEP 4. 구운 닭에 양념 넣어 볶기

구운 닭에 섞어둔 양념을 넣고 센불에서 3분간 더 볶아요.

⑤

STEP 5. 물과 채소 넣고 끓이기

물, 감자, 당근, 마늘을 넣고 중불에서 15분 끓여요.
그 위에 양파, 대파, 청양고추, 홍고추를 넣고 중불에서 5분간 더 끓이면 완성!

🍳 간이 쏙 배인 닭 요리 만들기

짧은 시간에도 간이 잘 배는 닭 요리의 비밀?
우리맛 연구원이 수많은 실험 끝에 찾아낸
맛 배임의 핵심 원리, 함께 알아봐요!

새미's 솔루션

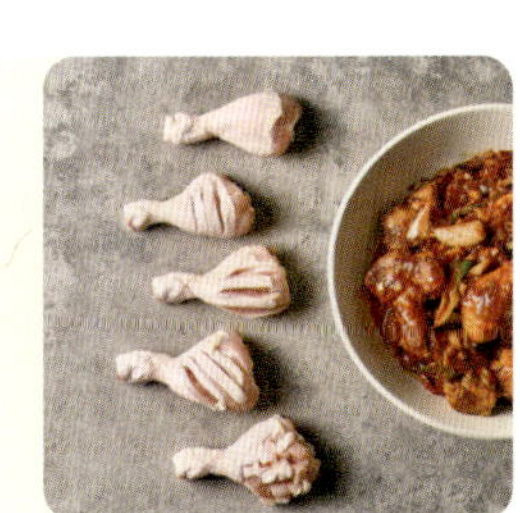

새미네부엌 플랫폼에서
상세히 확인해 보세요-:)

초간단 백숙 삼계탕

인분 수 **2인분**　　준비 시간 **0분**　　조리 시간 **50분**

재료

주재료 닭 1마리(1.2~1.4kg)   **양념** 새미네부엌 백숙 삼계탕 육수 1봉(100g)
물 2.5L

만드는 법

① STEP 1. 재료 넣고 끓이기

냄비에 닭과 물, 새미네부엌 백숙 삼계탕 육수를 넣고 물이 끓어오를 때까지 센불로 끓여요.

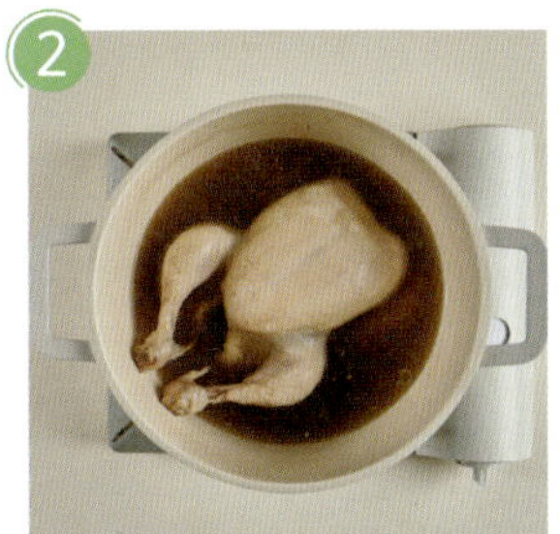

② STEP 2. 완성하기

물이 끓어오르면 거품을 한 번 제거해요.
뚜껑을 덮어 약불에서 45분간 푹 끓이면 완성!

<u>TIP</u> 닭은 백숙용 토종닭 1마리 혹은 삼계탕용 영계 2마리를 넣어 활용하세요.
닭의 중량이 1.2~1.4kg보다 더 작아도 OK!

새미's 솔루션

🍳 삼계탕용 닭 고르기&손질하기

닭 크기 고르는 법부터 잡내 없이 손질하는 법,
찹쌀이 새지 않도록 예쁘게 다리 꼬는 비법까지-
초보도 바로 써먹을 수 있는 꿀팁, 지금 확인해 봐요!

새미네부엌 플랫폼에서
상세히 확인해 보세요-:)

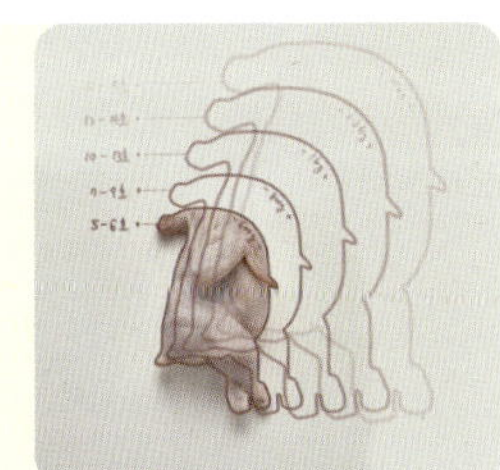

집에서 해먹자 동파육

인분 수 **2인분**　　준비 시간 **10분**　　조리 시간 **8분**

재료

주재료 삼겹살 4줄(400g)   **양념** 차오차이 동파육볶음소스 1봉(100g)
         청경채 2개(60g)

만드는 법

STEP 1. 삼겹살 굽기

팬을 중불에 1분간 예열한 뒤, 삼겹살 겉면이 노릇해지도록 앞뒤로 구워요.

TIP 삼겹살은 1~1.5cm 두께의 구이용을 구매하는 걸 추천해요!

TIP 수육용으로 두께가 너무 두껍다면 1~1.5cm 두께로 잘라 사용하세요.

STEP 2. 소스와 함께 볶기

삼겹살을 구울 때 나온 기름은 키친타올을 이용해 제거해요.
먹기 좋은 크기로 자른 고기 위에 동파육소스를 모두 부어 중불에 2분간 볶아요.

TIP 소스를 넣기 전 삼겹살 기름을 제거해야 소스가 재료와 분리되는 현상을 방지할 수 있어요.

TIP 더 촉촉한 동파육을 원한다면, 물 2~3스푼을 함께 넣어 볶아보세요.

STEP 3. 청경채 넣어 마무리하기

세척한 청경채는 4등분해 자른 뒤, 고기와 함께 30초 더 볶아 마무리하면 완성!

TIP 청경채 활용 플레이팅 팁!
플레이팅을 예쁘게 하고 싶다면 청경채를 끓는 물에 살짝 데친 뒤 찬물에 헹궈 그릇 바닥에 깔고,
그 위로 동파육을 올려보세요.
남은 소스는 위에 한 번 더 살짝 끼얹어주면 완성!
(단, 청경채를 데칠 때는 잎부분을 잡고 두꺼운 줄기 쪽을 먼저 데쳐요)

새미's 솔루션

전기밥솥으로 만들어 더 부드럽고 촉촉하고 탱글한
밥솥 버전 동파육이 궁금하다면?
이렇게도 도전해 보세요!

새미네부엌 플랫폼에서
상세히 확인해 보세요-:)

얼얼한 진짜 마라샹궈

인분 수 **3인분**   준비 시간 **15분**   조리 시간 **10분**

재료

주재료 우삼겹 2줌(200g)
알배추 10장(200g)
숙주 3줌(150g)
팽이버섯 1/2봉(75g)

부재료 납작 당면 5줄(50g)
볼어묵 혹은 비엔나 소시지 3개(45g)

양념 차오차이 마라샹궈소스 1봉(110g)

만드는 법

STEP 1. 재료 준비하기

우삼겹은 한입 크기(사방 3cm)로 썰어요.
알배추는 2cm 두께로 어슷 썰고, 팽이버섯은 줄기를 따라 찢어 준비해요.
숙주는 물에 한 번 헹궈 물기를 빼고, 납작 당면은 따뜻한 물에 담가 30분 이상 불려요.

TIP 전체 재료량은 고기 또는 해산물 200g, 채소와 버섯, 기타 재료들 500~600g 정도로 맞춰요.

TIP 당면을 넣고 싶다면, 손으로 구부렸을 때 부드럽게 휘어지는 정도까지 물에 불려요.

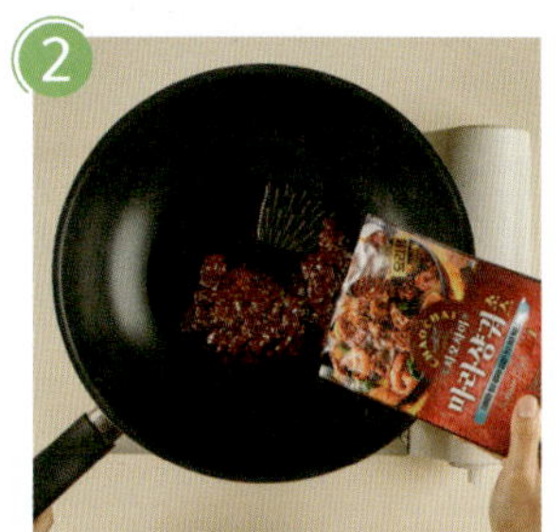

STEP 2. 소스 넣기

팬에 차오차이 마라샹궈소스를 넣고 중불에서 30초간 저어요.

STEP 3. 완성하기

소스가 보글보글 끓기 시작하면 모든 재료를 넣고 센불로 올려 3~4분간 볶아요.
고기가 익고 채소 숨이 죽으면 완성!

🍳 마라훠궈&백탕훠궈

취향에 따라 칼칼하게, 혹은 담백하게!
소스만 넣고 좋아하는 재료 데쳐
집에서 훠궈 먹는 법 알려드려요.

새미's 솔루션

새미네부엌 플랫폼에서
상세히 확인해 보세요-:)

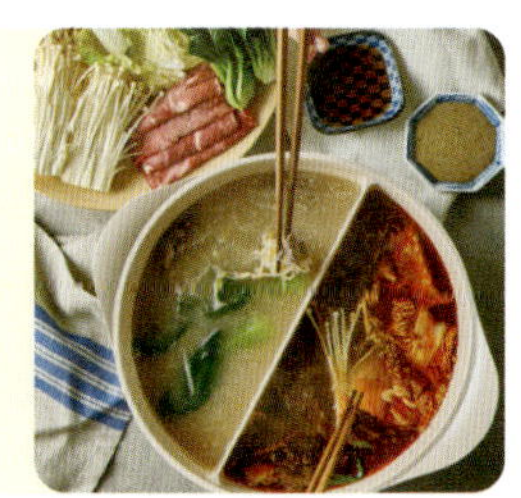

색다른 라이스페이퍼 양장피

인분 수 **2인분**　　준비 시간 **15분**　　조리 시간 **25분**

재료

주재료 티아시아 베트남 월남쌈(라이스페이퍼) 10장(60g)
오이 1/4개(50g), 빨간 파프리카 1/2개(90g)
노란 파프리카 1/2개(90g), 양파 1/4개(70g)
새우 10마리(200g), 오징어 1/2마리(125g)

양념 새미네부엌 닭가슴살 겨자냉채소스 1/3병(100g)
참기름 약간

달걀 지단 달걀 1개(60g), 식용유 2스푼(20g)

만드는 법

STEP 1. 채소 준비하기

오이는 세로로 반 갈라 씨를 제거한 뒤 0.5cm 두께로 어슷 썰어요
양파, 파프리카는 길이 4cm, 두께 1cm로 채 썰어 준비해요.

STEP 2. 달걀 지단 만들기

중약불로 예열한 팬에 식용유를 두르고 키친타올을 이용해 팬을 닦아 코팅한 후, 약불로 줄여요.
미리 풀어둔 달걀물을 부어 달걀 지단을 만들고 한 김 식힌 후, 길이 4cm, 폭 1cm로 채 썰어요.

TIP 삶은 달걀로 대체 가능해요.

STEP 3. 새우, 오징어 준비하기

냄비에 물을 넉넉히 담아 센불에 끓여요.
물이 끓으면 새우→오징어 순서로 센불에서 약 30초~1분씩 데친 뒤 찬물 또는 얼음물에 헹궈, 물기를 제거해 준비해요.

STEP 4. 라이스페이퍼 준비하기

라이스페이퍼는 가위로 4등분(십자 모양)으로 잘라 전부 뜨거운 물에 30초간 담갔다가 찬물에 식혀 준비해요.

STEP 5. 재료와 소스 섞기

볼에 모든 재료를 넣고 새미네부엌 겨자냉채소스, 참기름을 넣어 버무리면 완성!

TIP 플레이팅 추가 팁!
채소 및 해산물을 둘러 담은 후, 중앙에 라이스페이퍼를 담고 겨자냉채 소스를 뿌려 섞어 먹어도 좋아요.

TIP 땅콩잼 1스푼을 추가하면 부드러운 풍미를 즐길 수 있어요!

새미's 솔루션

🍳 알록달록 고추 없는 고추잡채

피망만으로 중식당 같은 향과 풍미를 낼 수 있다고?!
잡채소스 하나로 감칠맛까지 꽉 채운
고추잡채의 비법을 확인해 보세요.

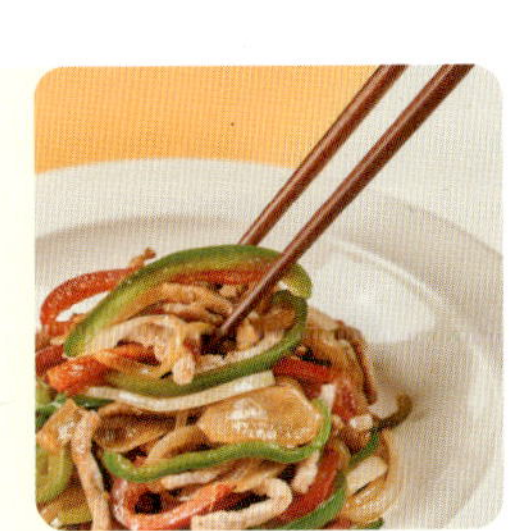

새미네부엌 플랫폼에서
상세히 확인해 보세요-:)

내 손으로 직접 차려낸 한 끼는 세상 무엇보다 확실한 만족감을 준답니다. 재료를 다듬고 맛을 빚어내는 과정에서 일상의 주도권을 되찾고, 완성된 요리를 통해 소소한 성취감을 쌓아나갈 수 있어요.
집밥을 통해 일상의 행복을 차곡차곡 채워보세요!

홈카페&브런치 요리

원팬 햄치즈 토스트

재료 손질 없이 팬 하나로 끝내는 냉털 토스트

인분 수 **1인분** 준비 시간 **0분** 조리 시간 **10분**

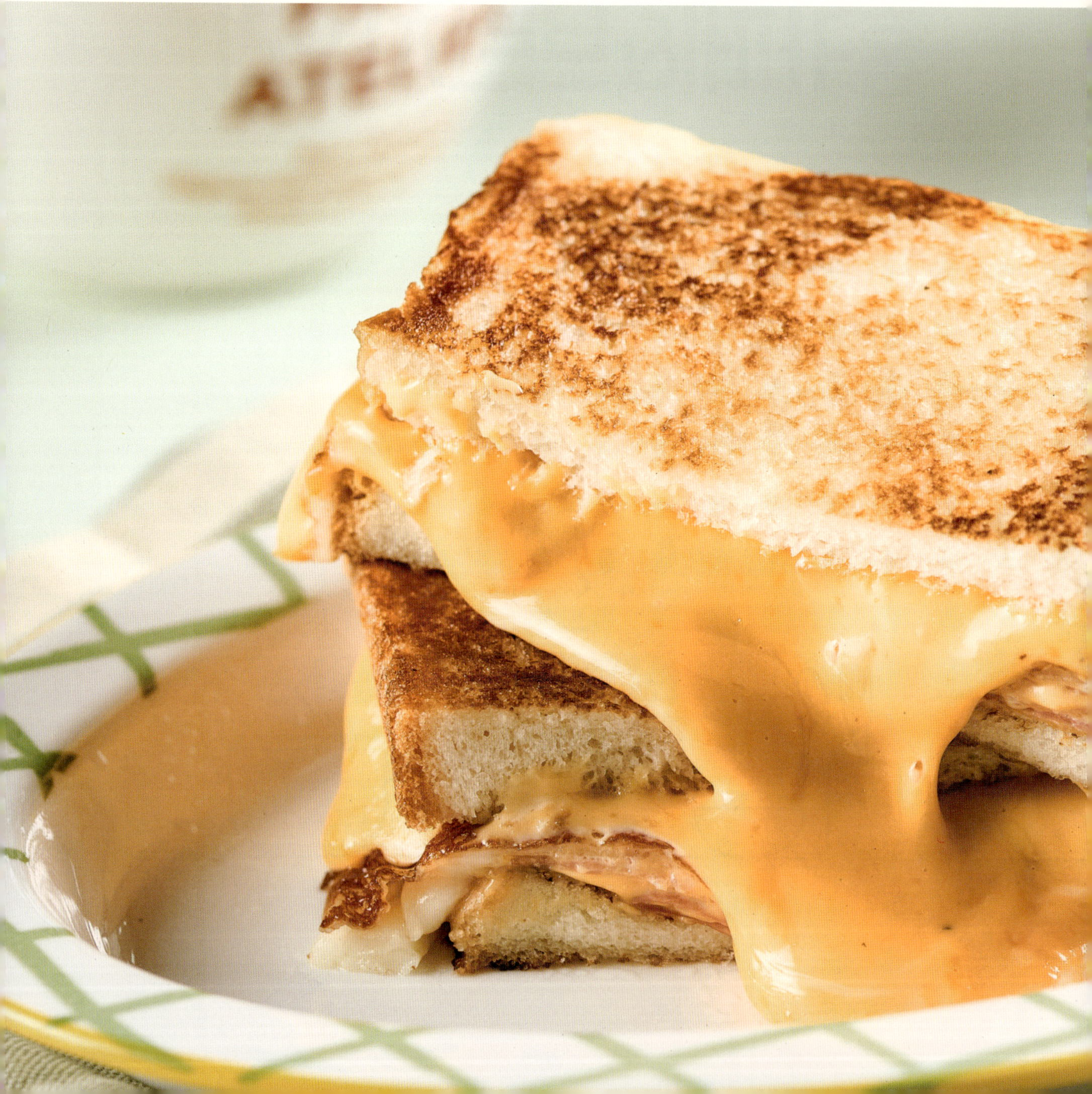

재료

주재료 식빵 2장(100g)
모짜렐라 치즈 5스푼(50g)
체다치즈 1장(18g)
슬라이스 햄 2장(20g)
버터 2스푼(20g)

만드는 법

STEP 1. 모짜렐라 치즈 굽기

마른 팬에 모짜렐라 치즈를 빵 면적만큼 펼쳐 중불에서 한쪽 면이 노릇할 때까지 구워요.

STEP 2. 체다치즈, 햄, 식빵 올리기

모짜렐라 치즈의 아랫면이 노릇해지면 그 위에 체다치즈 1장과 슬라이스 햄 2장, 식빵 1장을 차례대로 올려요.

STEP 3. 뒤집어 더 굽기

뒤집개를 이용해 뒤집은 후 남은 식빵을 1장 더 올리고, 버터를 둘러 중불에서 약 1~2분간 구우면 완성!

새미's 솔루션

🍳 **우리 집을 홈카페로 만들어줄 음료 모음**

라테부터 하이볼까지,
집에서도 간단하게 만들 수 있는
홈카페&브런치 음료를 알아볼까요?

새미네부엌 플랫폼에서
상세히 확인해 보세요-:)

든든한 애호박 치즈 오믈렛

복잡한 재료 없이 맛과 비주얼의 균형을 갖춘 저탄수 요리

인분 수 **2인분** 준비 시간 **10분** 조리 시간 **20분**

재료

주재료 애호박 1/3개(100g)
양파 1/4개(70g)
달걀 3개(180g)
모짜렐라 치즈 5스푼(50g)
식용유 2스푼(20g)

양념 연두순 1.5스푼(15g)

🔍 손 한 뼘 정도의 작은 사이즈의 코팅된 프라이팬을 사용해요!

만드는 법

STEP 1. 애호박, 양파 준비하기

애호박은 0.2cm 두께로 어슷 썬 후 채 썰고, 양파도 애호박과 같은 두께로 채 썰어요.

STEP 4. 달걀물 부어 익히기

볶은 양파와 애호박 위에 달걀물을 붓고 중약불로 낮춰 젓가락으로 스크램블하듯 살살 젓다가 달걀이 1/3 정도 익으면 한쪽에 모짜렐라 치즈를 넣고 달걀을 반으로 접어요.

STEP 2. 달걀물 만들기

큰 볼에 달걀과 연두순을 넣은 후, 노른자와 흰자가 잘 섞이도록 풀어요.

STEP 5. 달걀 골고루 익히기

치즈가 녹아내리고 달걀의 표면이 노릇하게 익었다면 접시에 담아 완성!

STEP 3. 애호박, 양파 볶기

약불로 예열한 팬에 식용유를 넣고 중불로 올려 애호박과 양파를 넣어요.
채소의 숨이 죽을 때까지 볶아요.

새미's 솔루션

🍳 **애호박 보관할 때, 필름은 어쩌지?**

애호박에 씌워진 필름은 그대로 두어야 할까요?
통 애호박, 남은 애호박 등 애호박의 상태에 따라 달라지는 보관법을 함께 알아봐요.

새미네부엌 플랫폼에서
상세히 확인해 보세요-:)

폭신폭신 달걀 프리타타

인분 수 2인분   준비 시간 10분   조리 시간 10분

재료

주재료 달걀 6개(360g)
식용유 1스푼(10g)

부재료 시금치 2줌(100g)
베이컨 3줄(60g)
양파 1/2개(140g)

양념 연두순 2스푼(20g)

🔍 깊이감이 있고 뚜껑이 있는, 20cm 사이즈의
작은 프라이팬이 좋아요.

만드는 법

STEP 1. 재료 손질하기

시금치는 뿌리를 제거한 후, 물에
여러 번 세척해 반으로 썰어요.
양파는 1cm 두께로 채 썰고, 베
이컨도 동일한 두께로 썰어요.

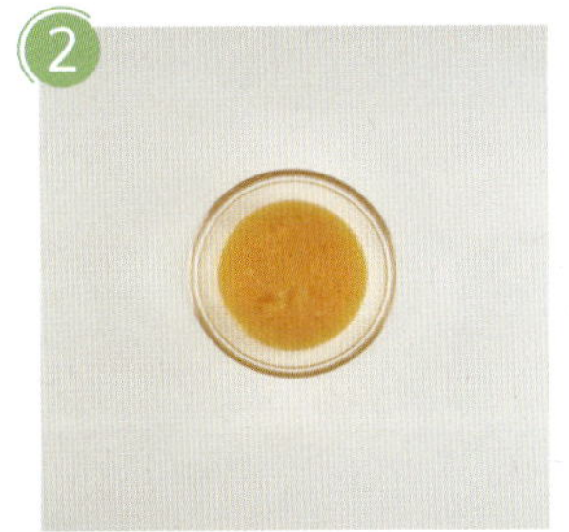

STEP 2. 달걀 섞기

볼에 달걀을 풀고 연두순과 함께
섞어요.

STEP 3. 재료 볶기

중불로 예열한 팬에 식용유를 두
르고 베이컨과 양파를 볶아요.
양파의 색이 투명해지면 시금치
를 넣고 숨이 죽을 때까지 한 번
더 볶아요.

STEP 4. 익히기

시금치가 숨이 죽으면 달걀물을
부어요.
뚜껑을 닫아 약불에서 5분간 더
익히면 완성!

TIP 뚜껑을 닫아서 익혀야 달
걀물이 전체적으로 골고루 익은
프리타타를 만들 수 있어요.

TIP 겉면에 익지 않은 달걀물
이 보인다면 약불에 겉면이 모두
익을 때까지 조금 더 익혀주세요.

🍳 올바른 달걀 보관법

냉장고 속 달걀, 제대로 보관하고 있는 걸까요?
오랫동안 신선하게 먹을 수 있는
올바른 달걀 보관법에 대해 알아보세요.

새미's 솔루션

새미네부엌 플랫폼에서
상세히 확인해 보세요-:)

의외의 찰떡궁합 김치 크루아상

인분 수 **1인분** 준비 시간 **10분** 조리 시간 **15분**

재료

주재료 크루아상 1개(100g)   **부재료** 양파 1/4개(70g)
김치 1장(60g)
베이컨 1줄(10g)
모짜렐라 치즈 2스푼(20g)
식용유 2스푼(20g)

🔍 오븐이나 에어프라이어를 활용하면 더 맛있는 요리가 완성돼요!

만드는 법

STEP 1. 재료 손질하기

김치, 양파는 1cm 두께로 채 썰고, 베이컨은 1.5~2cm 두께로 썰어요.

STEP 4. 크루아상 안에 재료 넣기

반으로 가른 크루아상 사이에 볶은 재료를 넣어주면 완성!

TIP 오븐(175℃)이나 에어프라이어(200℃)가 있다면 치즈를 미리 녹이지 말고 마지막에 넣어 약 3~5분간 치즈가 녹을 때까지 조리하면 더 맛있게 즐길 수 있어요.

STEP 2. 재료 볶기

중불로 예열한 팬에 식용유를 두른 후, 손질한 재료(김치, 양파, 베이컨)를 넣고 중불에서 약 4~5분간 볶아요.

STEP 3. 치즈 녹이기

볶은 재료 위에 모짜렐라 치즈를 넣고 중불에서 약 30초~1분간 볶아 치즈를 녹여요.

새미's 솔루션

🍳 **김치 보관법 총정리**

올바른 김치 보관법!
숙성도 별 김치 보관법부터 헷갈리는 질문들까지,
김치 보관의 A to Z를 확인해 보세요.

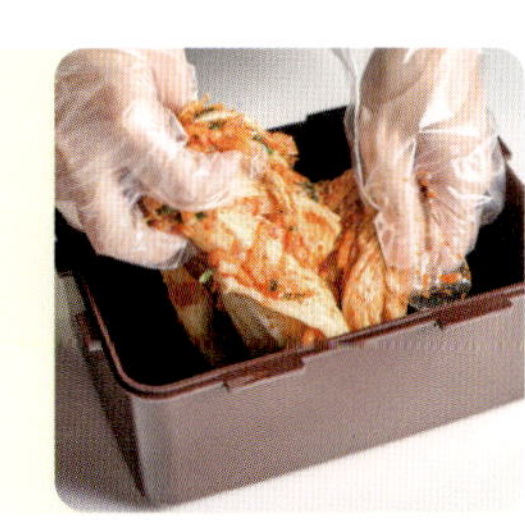

새미네부엌 플랫폼에서
상세히 확인해 보세요-:)

집에서도 쉽게 브레드 라자냐

인분 수 **2인분**   준비 시간 **10분**   조리 시간 **20분**

재료

주재료 식빵 2장(100g)
모짜렐라 치즈 5스푼(50g)

부재료 양파 1/4개(70g)
양송이버섯 2개(40g)
식용유 2스푼(20g)

양념 폰타나 나폴리 뽀모도로 토마토 파스타소스 1봉(150g)

🔍 오븐이나 에어프라이어가 필요해요.

만드는 법

STEP 1. 재료 준비하기

양파는 0.5cm 두께로 얇게 채 썰고, 양송이는 밑동을 떼어낸 후 모양을 살려 0.5cm 두께로 썰어요.
식빵은 반으로 갈라 준비해요.

STEP 2. 양파, 양송이 볶기

중불로 예열한 팬에 식용유를 두르고 양파, 양송이를 넣고 양파가 갈색이 될 때까지 약 5~7분간 볶아요.

STEP 3. 토마토소스 넣고 볶기

볶은 재료에 토마토 파스타소스를 넣고 약 1분간 더 볶아요.

STEP 4. 오븐에 굽기

오븐 용기에 소스>식빵>소스>식빵>소스>치즈 순서로 번갈아 올려 오븐에 넣고 175℃에서 8분간 구워주면 완성!

TIP 에어프라이어로 조리할 경우 175℃에서 10분 정도 구워요.

👨‍🍳 **식빵으로 '파이 수프'도 만들어 봐요**

평범했던 수프의 바삭한 변신!
남은 식빵이나 생지를 활용해 집에 있는 수프를 더 맛있게 먹는 방법을 알아보세요.

새미's 솔루션

새미네부엌 플랫폼에서
상세히 확인해 보세요-:)

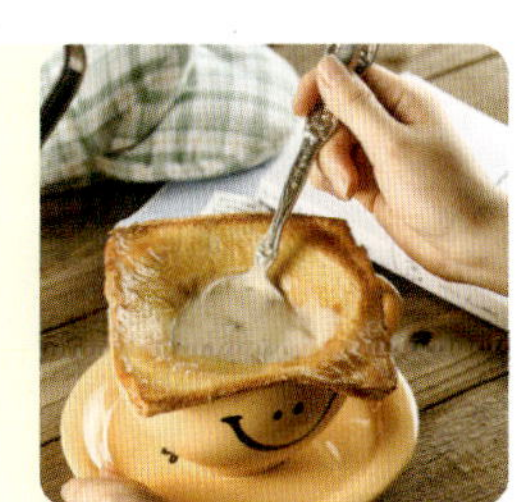

샌드위치? 언위치!

인분 수 **1인분**　준비 시간 **15분**　조리 시간 **40분**

재료

주재료 청상추 12장(60g), 양상추 2장(20g)
양파 1/4개(70g), 노란 파프리카 1/4개(45g)
빨간 파프리카 1/4개(45g), 토마토 1/4개(50g)
치킨텐더 2조각(60g), 체다치즈 1장(18g)

라페 재료 당근 1/4개(50g), 양배추 2장(100g), 연두순 1.5스푼(15g)
설탕 1.5스푼(15g), 양조식초 3스푼(30g)
폰타나 홀그레인 머스타드 1스푼(10g)

콘샐러드 재료 캔 옥수수 1/3캔(100g), 그릭요거트 1스푼(20g)

만드는 법

STEP 1. 라페 만들기

당근과 양배추를 얇게 채 썰고 라페 양념에 버무려 10분간 재워요.

STEP 2. 콘샐러드 만들기

캔 옥수수는 물에 한 번 헹군 후, 물기를 빼 그릭요거트를 넣고 버무려요.

STEP 3. 재료 준비하기

양파와 파프리카를 얇게 채 썰고 토마토는 0.5cm 두께로 원형썰기해요.
치킨텐더는 구워서 준비해요.

TIP 매운 양파가 싫다면 썬 다음 물에 담가 맵기를 빼줘요.

STEP 4. 랩 위에서 언위치 싸기

가장 아래 랩을 깔고 청상추와 양상추를 올린 후, 준비된 재료를 차곡차곡 모두 넣어요.
그 위에 청상추와 양상추를 한 번 더 덮고 랩으로 감싸면 완성!

TIP 청상추와 양상추는 빵 대신 사용하기 때문에, 속재료가 감싸질 수 있도록 크고 넉넉한 양을 준비해요!

🍳 연두부와 대파의 조합, 대파두부크림샌드위치

새미's 솔루션

연두부와 대파로 부드럽게 만드는 대파두부크림은
빵 위에 올려 샌드위치로,
크래커 위에 올려 핑거푸드로 다양하게 즐길 수 있어요.

새미네부엌 플랫폼에서
상세히 확인해 보세요-:)

1분 완성 오리엔탈 드레싱

☀ 4가지 재료로 만드는 간단한 드레싱 ☀

인분 수 **2인분** 준비 시간 **0분** 조리 시간 **5분**

재료

주재료 진간장 3스푼(30g)
설탕 1.5스푼(15g)
식초 4스푼(40g)
올리브유 4스푼(40g)

만드는 법

STEP 1. 재료 섞기

볼에 설탕과 식초를 넣고 설탕이 다 녹을 때까지 섞어요.
그 위에 간장과 올리브유를 넣어 섞으면 기본 오리엔탈 드레싱 완성!

TIP   베이스 오일로는 향이 강하지 않은 오일을 사용해 드레싱의 맛 균형을 맞춰요.

STEP 2. 재료를 추가해 더 맛있게 즐기기(선택)

다진 양파 1스푼, 깨 1스푼, 참기름 1스푼, 홀그레인 머스타드 1/3스푼 등을 추가해 고급스러운 풍미를 추가
할 수 있어요.
일반 식초 대신 화이트 와인 비네거를 활용하면 향미도 더 풍부해진답니다.

TIP   샐러드 채소뿐만 아니라 훈제 오리, 구운 버섯, 채 썬 양배추 등과 잘 어울려요.

새미's 솔루션

🍳 샐러드 채소 고르기

양상추, 라디치오, 적근대, 적상추, 로메인, 루꼴라…
아삭한 식감과 수분감까지 다 갖춘 채소들이죠.
샐러드로도, 쌈 채소로도 좋은 잎채소들, 더 알아보세요!

새미네부엌 플랫폼에서
상세히 확인해 보세요-:)

간단 비네그레트 소스

인분 수 **2인분** 준비 시간 **0분** 조리 시간 **2분**

재료

주재료 올리브유 5스푼(50g)
레몬즙 2스푼(20g)
폰타나 홀그레인 머스타드 1/2스푼(5g)

만드는 법

STEP 1. 소스 만들기

볼에 올리브유, 레몬즙, 홀그레인 머스타드를 넣고 잘 섞으면 완성!

TIP 클래식 비네그레트 소스는 올리브유와 화이트 와인 비네거(식초 계열) 5:1 비율로 만들어져요.
클래식에 가까운 소스를 만들고 싶다면 레몬즙 대신 화이트 와인 비네거 혹은 식초를 올리브유와 섞어 만
들어 보세요.

STEP 2. 비네그레트 소스 활용법

싱싱한 샐러드 채소들과 같이 먹어도 좋고, 가지, 양배추, 토마토, 버섯 등 구운 재료와 곁들여도 좋아요.
그릭요거트 혹은 사워크림에 뿌리면 디핑 소스, 샌드위치 소스 등으로 다양하게 활용할 수 있어요.

새미's 솔루션

💡 **식용유 종류와 보관법**

다양한 식용유, 모두 같은 방법으로 쓰고 있지 않나요?
정제 여부부터 기름마다 다른 보관법까지
하나씩 확인해 보세요.

새미네부엌 플랫폼에서
상세히 확인해 보세요-:)

식탁에 피어난 연어샐러드다발

인분 수 1인분   준비 시간 10분   조리 시간 2분

재료

주재료 연어 1팩(200g) **부재료** 양상추 3장(30g) **양념** 폰타나 레몬 허브 딜 타르타르 드레싱 3스푼(30g)

루꼴라 6줄기(6g)

양파 1/4개(70g)

만드는 법

STEP 1. 연어 손질하기

연어는 1cm 두께로 슬라이스하고, 꽃 모양이 되도록 돌돌 말아요.

STEP 2. 부재료 손질하기

양상추는 사방 4cm 크기로 찢어요.

양파는 0.2cm 두께로 얇게 채 썰거나 링 모양으로 잘라요.

양상추, 양파, 루꼴라를 먹기 좋게 접시에 담아요.

STEP 3. 완성하기

샐러드 채소 위로 돌돌 만 연어를 올리고, 폰타나 레몬 허브 딜 타르타르 드레싱을 뿌리면 완성!

TIP 드레싱은 취향에 맞게 선택해요.

새미's 솔루션

🍳 알로해! 건강 포케

좋아하는 채소들과 드레싱에 버무린 연어를 올려

알록달록 예쁜 포케 완성!

건강과 비주얼 모두 챙길 수 있는 레시피를 알아보세요.

새미네부엌 플랫폼에서

상세히 확인해 보세요-:)

여름의 맛 참외샐러드

☼ 참외의 변신! 노란 껍질과 달콤한 과즙을 살려 요리해요 ☼

인분 수 1인분   준비 시간 5분   조리 시간 20분

재료

주재료 참외 1개(300g)
딜 1줄기(1g)

부재료 핑크페퍼 약간(1g)

양념 폰타나 엑스트라버진 올리브유 아르베끼나 3스푼(30g)
참외즙 약간

만드는 법

STEP 1. 참외 준비하기

참외는 흐르는 물에 씻고 필러로 껍질을 듬성듬성 손질한 다음, 세로 방향으로 반 갈라 속씨를 발라내 따로 모아요.

STEP 2. 참외와 딜 썰기

손질한 참외는 두께 0.2cm 반달 모양으로 얇게 썰고, 딜은 입자가 보이게 다져 준비해요.

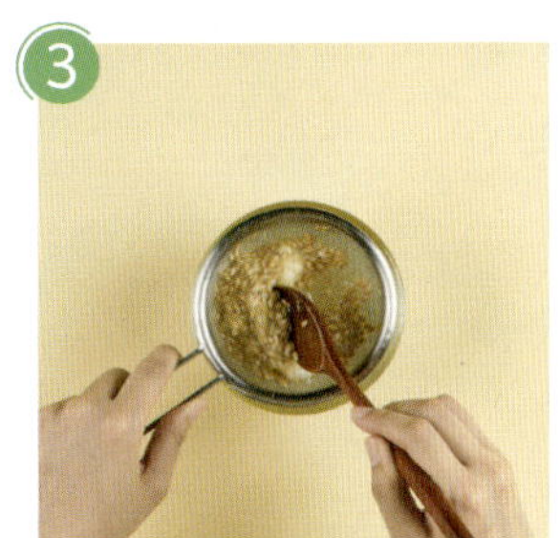

STEP 3. 참외 오일 드레싱 만들기

참외 속씨는 체에 내려 즙을 짜고, 올리브유와 섞어 참외 오일 드레싱을 만들어요.

STEP 4. 그릇에 재료 담기

그릇에 참외를 돌려 담고, 드레싱과 다진 딜, 핑크페퍼를 올리면 완성!

TIP 핑크페퍼는 일반 후추에 비해 민트처럼 화한 것이 특징! 핑크페퍼가 없다면 일반 후추로 대체할 수 있어요.

🌿 여름 식재료로 만드는 여름 샐러드

여름에 더 맛난 수박, 복숭아, 초당옥수수로 만드는 싱그럽고 달큰한 샐러드들. 그냥 먹어도 맛있지만 샐러드로 만들면 더 색다르게 즐길 수 있답니다.

새미's 솔루션

가벼운 요거트 양배추샐러드

☀ 마요네즈 대신 요거트로 더 건강하게 ☀

인분 수 **2인분**   준비 시간 **5분**   조리 시간 **5분**

재료

주재료 양배추 1/4개(250g)
사과 1개(200g)

부재료 건포도 3스푼(30g)

양념 플레인요거트 10스푼(100g)
올리브유 3스푼(30g)
소금 약간
후추 약간

만드는 법

STEP 1. 양배추 준비하기

양배추는 얇게 채 썰어 찬물(혹은 얼음물)에 10분 동안 담근 후 물을 빼서 물기를 없애요.

TIP 양배추를 찬물에 담그면 더 아삭한 식감을 살릴 수 있어요.

STEP 2. 사과 자르기

사과는 씨를 제거한 후, 한입 크기로 원하는 모양대로 썰어요.

STEP 3. 재료 섞어서 완성하기

볼에 플레인요거트, 올리브유, 소금, 후추를 넣고 잘 섞어요.
손질한 양배추, 사과와 건포도를 넣고 가볍게 버무리면 완성!

TIP 플레인요거트 대신 그릭요거트를 써도 좋아요.

TIP 사이드 디시로도, 샌드위치 속재료로도 활용해 보세요.

🍳 그릭요거트를 더 든든하게 즐기는 방법

연두순과 꿀, 땅콩버터를 그릭요거트와 섞어
원하는 토핑을 얹어 완성해봐요.
한 끼 식사로도 좋은 그릭요거트볼 만들어보기!

새미네부엌 플랫폼에서
상세히 확인해 보세요-:)

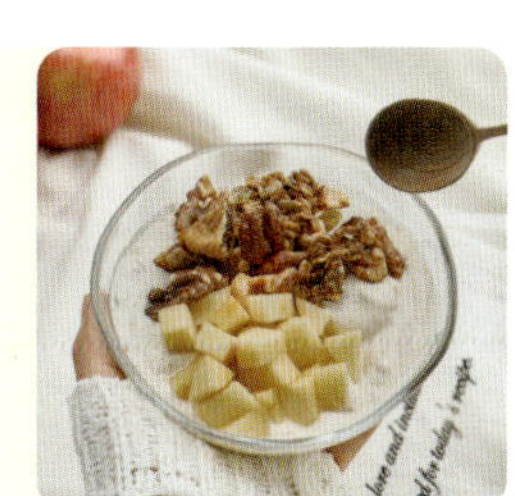

시원상큼 토마토 피클

인분 수 **3인분**　　준비 시간 **5분**　　조리 시간 **5분**

재료

주재료 방울토마토 20~30개(300g)   **양념** 새미네부엌 모듬야채 수제피클 소스 1개(290g)
물 1.5컵(290ml)

만드는 법

STEP 1. 방울토마토 껍질 벗기기

방울토마토는 꼭지를 떼고 깨끗하게 씻어요.
밑부분에 칼집을 살짝 넣고 끓는 물에 30초간 데친 다음 찬물에 담가 껍질을 벗겨요.

STEP 2. 피클 소스 붓기

새미네부엌 모듬야채 수제피클 소스와 물을 1:1 비율로 섞어요.
용기에 준비된 방울토마토와 피클 소스를 함께 넣고 냉장고에서 약 1시간 절이면 완성!

TIP 바질, 타임, 딜 등 원하는 허브를 곁들여 함께 절여도 좋아요.

새미's 솔루션

🥄 **방울토마토 매실절임**

껍질 벗긴 방울토마토에
매실청과 레몬을 넣어 상콤 향긋하게!
바질, 민트 등 허브별 페어링 팁도 함께 알아보세요.

새미네부엌 플랫폼에서
상세히 확인해 보세요-:)

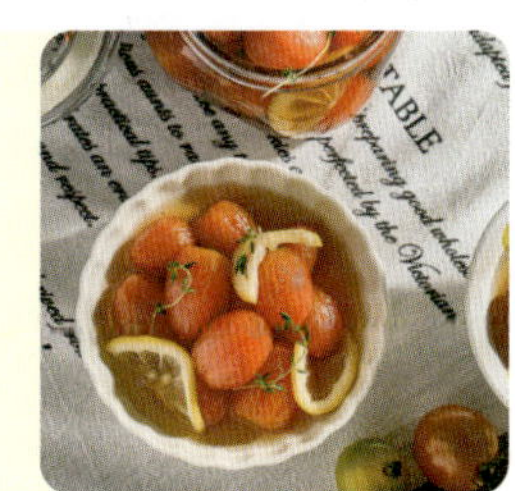

부들쫀떡 감자호떡

인분 수 **2인분**　준비 시간 **5분**　조리 시간 **25분**

재료

주재료 감자 1개(150g)
감자전분 1스푼(5g)
찹쌀가루 1스푼(5g)
물 3스푼(30g)
버터 1.5스푼(15g)

부재료 감태 1/8장(0.5g)

양념 연두순 1스푼(10g)
물엿 2스푼(20g)
소금 약간(1g)

만드는 법

STEP 1. 감자 익히기

감자는 한입 크기(5×5cm)로 썰어 찬물에 헹궈요.
감자와 물을 내열 용기에 넣고 랩으로 감싸 전자레인지에 7분 조리해요(1,000W 기준).

TIP 감자를 물에 헹궈 전분을 없애주지 않으면 단단해지거나 전분이 뭉쳐 끈적한 질감이 생길 수 있답니다.

STEP 3. 감자 반죽 익히기

중약불의 팬에 버터를 녹인 후, 감자 반죽을 올리고 양면이 노릇해질 때까지 양면 각 3~4분씩 구워요.

STEP 4. 양념 넣고 조리기

연두순과 물엿을 넣고 2~3분간 조려요.

STEP 2. 감자 반죽 만들기

익힌 감자를 체에 내린 후, 감자전분, 찹쌀가루, 소금을 넣고 반죽해요.
반죽은 반으로 나눠 동그랗게 모양을 잡아요.

STEP 5. 감태 올리기

감자호떡의 겉면에 감태를 얹으면 완성!

TIP 감태 대신 모짜렐라 치즈, 후리카케, 김 등을 얹어도 좋아요.

🥬 알쏭달쏭 감자 보관법

오래가는 감자 보관법 살펴보기!
싹이 난 감자, 초록색 감자를 먹어도 될지 궁금했다면 더 자세히 알아봐요.

새미네부엌 플랫폼에서
상세히 확인해 보세요-:)

초간단 크림브륄레

인분 수 **2인분**　준비 시간 **0분**　조리 시간 **42분**

재료

주재료 바닐라 아이스크림 150g
  달걀 노른자 1개(15g)

양념 설탕 2스푼(20g)
  물 1스푼(7ml)

🔍 재료를 섞거나 중탕할 때는 휘퍼(거품기)를 사용하면 좋아요.

만드는 법

① 

STEP 1. 달걀 노른자와 아이스크림 섞기

볼에 알끈과 흰자를 제거한 달걀 노른자와 바닐라 아이스크림을 넣어 고르게 섞어요.

TIP 다양한 맛의 아이스크림을 활용해도 좋아요.

② 

STEP 2. 재료 약불에 중탕하기

냄비 높이의 1/2~1/3 정도의 물을 담아 약불로 끓인 후, 그 위에 노른자와 아이스크림을 섞은 볼을 올려 중탕하며 5분간 섞어요.

TIP 휘퍼(거품기)로 섞어주면 열로 인한 농도의 변화를 느낄 수 있어요. 스푼으로 떨어트렸을 때 똑똑 떨어지는 정도까지 섞어요.

③ 

STEP 3. 재료 얼리기

중탕한 베이스를 완성 접시에 담아 냉동고에서 약 30분간 얼려요.

④ 

STEP 4. 시럽 올리기

내열 그릇에 설탕과 물을 넣고 전자레인지에서 2분간 조리해 시럽을 만들어요.
냉동고에서 얼린 베이스를 꺼내 위에 시럽을 골고루 뿌린 후, 굳히면 완성!

🍳 **홈베이킹 입문자를 위한 가이드**

홈베이킹에 도전하는 입문자를 위한 모든 것.
기본 도구와 재료에 대한 이해까지,
먼저 확인하고 준비해 보세요.

새미's 솔루션

새미네부엌 플랫폼에서
상세히 확인해 보세요-:)

특별한 날 레몬 바스크 치즈케이크

인분 수 **2인분**　　준비 시간 **0분**　　조리 시간 **40분**

재료

주재료 크림치즈 1.5통(300g)
박력분 3스푼(15g)
달걀 2개(120g)
생크림 1컵(200g)

양념 폰타나 스페인 레몬 알리올리 드레싱 5스푼(50g)
설탕 3스푼(30g)

1호 빵틀(지름 15cm)을 준비해 주세요.
오븐이나 에어프라이어가 있어야 해요.

만드는 법

STEP 1. 크림치즈와 설탕 섞기

볼에 크림치즈를 넣고 휘핑기나 휘퍼(거품기)를 사용해 부드럽게 저어가며 풀어요.
설탕을 넣어 입자가 녹을 때까지 부드럽게 섞어요.

기기마다 차이가 있을 수 있으니 윗면이 골드브라운 빛이 될 때까지 5분씩 추가로 구워요. (윗면이 봉긋하고 살짝 흔들었을 때 가운데부분이 출렁거리면 알맞은 상태!)

STEP 4. 오븐에 굽기

반죽을 틀에 담아 180℃로 예열된 오븐에 넣고 25분간 구워요.

TIP 종이 호일은 틀보다 높게 자른 후 2겹 겹쳐 만들어요.

TIP 에어프라이어 조리 시, 160~170℃로 20~25분간 구워요.

STEP 2. 달걀, 생크림, 박력분 넣고 섞기

달걀을 2~3번 나눠 넣어 고루 섞은 뒤, 생크림을 넣고 섞어요.
이어서 박력분을 체에 내려 반죽과 잘 섞어요.

STEP 5. 식힌 후 냉장 온도로 굳히기

구워진 케이크는 상온에서 한 김 식힌 뒤, 반나절 정도 냉장고에 보관해 굳히면 완성!

STEP 3. 레몬 알리올리 드레싱 섞기

반죽에 드레싱을 넣고 골고루 섞어요.

TIP 레몬 알리올리 드레싱을 넣으면 케이크에 새콤한 맛과 묵직한 크림의 풍미를 더할 수 있어요.

새미's 솔루션

🍳 **노오븐 치즈케이크**

오븐이나 에어프라이어 없이 만드는 노오븐 베이킹 치즈 케이크! 부드러운 치즈 필링과 바삭달콤한 파이지의 조합으로 더 맛있는 레시피를 확인해 보세요.

새미네부엌 플랫폼에서 상세히 확인해 보세요-:)

신선한 제철 재료로 만든 집밥은 불필요한 포장재와 탄소 발자국을 줄여주는 가장 맛있는 친환경의 실천이죠.
낭비 없는 식탁을 지향하는 지속가능한 요리는 단순한 끼니를 넘어 더 나은 세상을 만드는, 작지만 확실한 변화의 시작이 될 거예요!

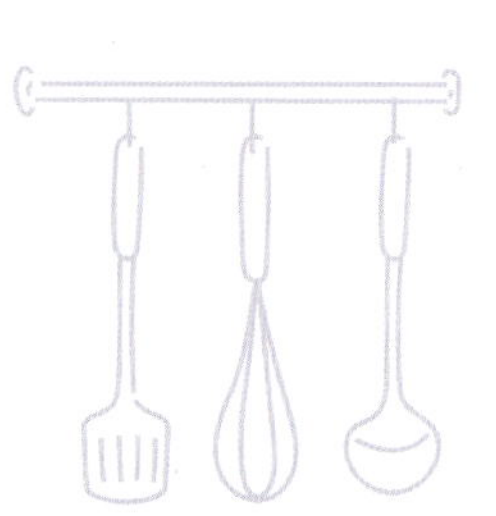

PART 6

제철 요리

"계절의 맛을 놓치지 말아요"

봄을 담은 냉이김밥

인분 수 **1인분**　준비 시간 **15분**　조리 시간 **25분**

재료

주재료 밥 1공기(200g)
냉이 3줌(150g)
김밥 김 2장(4g)
식용유 5스푼(50g)

밥 양념 연두순 1스푼(10g)
깨 1/2스푼(2g)
참기름 1/4스푼(2.5g)

냉이 양념 연두순 1스푼(10g)
깨 1/2스푼(2g)
참기름 1/4스푼(2.5g)

만드는 법

STEP 1. 밥 양념하기

밥은 따뜻할 때 밥 양념을 넣고 비벼요.

STEP 4. 김밥 썰기

먹기 좋은 크기로 자르면 완성!

TIP 꼬마김밥 4개 분량이 완성됩니다.

STEP 2. 냉이 볶기

팬에 연기가 날 정도로 센불로 예열 후 식용유와 냉이를 넣고 볶아요.
냉이의 숨이 죽으면 냉이 양념을 넣고 볶은 후, 한 김 식혀요.

STEP 3. 김 위에 재료 올려 말기

김밥 김 위에 양념한 밥, 냉이를 얹고 말아요.

TIP 김밥을 더 쉽게 말고 싶다면, 김을 2등분한 후 꼬마김밥으로 말면 좋아요.

🍳 김밥 맛있게 싸는 법

김과 밥, 속재료의 조화로 완성되는 김밥!
김의 방향, 김밥의 조연 참기름 활용법,
완성 김밥 잘 써는 방법까지 더 자세히 알아보세요.

새미's 솔루션

새미네부엌 플랫폼에서
상세히 확인해 보세요-:)

여름을 담은 오이김밥

오이 특유의 비린내는 잡고 꼬독한 식감은 살린 시원한 맛의 이색 김밥

인분 수 **1인분**　　준비 시간 **10분**　　조리 시간 **15분**

재료

주재료 백오이 1개(200g)
밥 1공기(200g)
김밥 김 2장(4g)

양념 연두순 2스푼(20g)
깨 1/2스푼(2.5g)
참기름 1스푼(10g)

만드는 법

STEP 1. 오이 준비하기

세척한 오이는 세로로 반 갈라 가운데 씨를 제거하고, 3~4cm 길이, 0.2~0.3cm 두께로 어슷 썰어요.
썰어낸 오이는 끓는 물에 20초간 데친 후, 찬물에 헹궜다가 손으로 꽉 짜서 물기를 제거해요.

TIP 오이 씨 제거가 어렵다면, 반으로 갈라 숟가락으로 파내거나 3등분해 칼로 제거해요.

STEP 2. 오이 양념하기

볼에 오이를 넣고, 연두순, 깨, 참기름을 넣고 조물조물 섞어요.

STEP 3. 김밥 말기

김 위에 따뜻한 밥을 얹고 양념한 오이를 넣어 돌돌 말면 완성!
먹기 좋은 크기로 썰어요.

TIP 김 1장 당 밥 반 공기! 총 김밥 2줄을 만들 수 있어요.

🍚 고슬고슬 완벽한 밥 요리를 위한 준비

김밥, 볶음밥, 초밥 등 밥이 중요한 요리를 위한 고슬고슬
밥 요리 꿀팁! 질퍽한 식감이 아닌 한알한알 쌀알이
살아있는 밥 짓기 비법을 알아보세요.

새미네부엌 플랫폼에서
상세히 확인해 보세요-:)

가을을 담은 무라페김밥

인분 수 **1인분**   준비 시간 **10분**   조리 시간 **15분**

재료

주재료 무 1/5개(200g)
소금 1/2스푼(5g)

부재료 깻잎 4장(8g)

양념 연두순 3스푼(30g)
식초 6스푼(60g)
올리브유 3스푼(30g)
레몬즙 2스푼(20g)

김밥 재료 밥 1공기(200g)
연두순 1스푼(10g)
깨 1스푼(5g)
참기름 1/2스푼(5g)
김밥 김 2장(4g)

만드는 법

STEP 1. 재료 손질하기

무는 깨끗이 씻고 껍질을 벗겨 0.2cm 두께로 채 썰거나 채칼을 사용해 썰어요.
깻잎도 비슷한 두께로 가늘게 채 썰어요.

STEP 2. 무 절이기

무에 소금을 넣어 가볍게 섞고 10~15분 정도 절여요.
무에서 나온 물은 꼭 짜요.

TIP 소금에 절이면, 무의 시원한 맛과 아삭함을 살리면서 부드럽게 휘는 모양을 낼 수 있어요.

STEP 3. 무라페 완성하기

물기 뺀 절인 무와 깻잎, 양념 재료를 넣어 골고루 버무린 후, 밀폐용기에 담아 1시간 이상 냉장하면 완성!

STEP 4. 무라페김밥 만들기

밥에 연두순, 깨, 참기름을 넣어 잘 섞고, 김은 세로로 반 잘라요.
김의 거친 면 위에 밥을 1/4덩이씩 올려 잘 펴준 후 만들어둔 무라페를 올려 돌돌 말면 완성!
먹기 좋은 크기로 썰어요.

TIP 꼬마김밥 4개 분량이 나온답니다!

새미's 솔루션

🍳 **무 손질&보관법**

부위별로 맛이 다른 무를 제대로 손질하는 방법과 통무, 쓰고 남은 무를 보관하는 방법까지 여기서 체크해 보세요.

새미네부엌 플랫폼에서 상세히 확인해 보세요-:)

겨울을 담은 미역튀각김밥

바삭하고 단짠한 미역튀각이 키포인트! 안 먹어보면 후회하는 김밥의 신세계

인분 수 **2인분**　　준비 시간 **15분**　　조리 시간 **20분**

재료

주재료 자른 미역 3스푼(5g) **부재료** 당근 1/3개(70g) **양념** 연두순 3스푼(30g)
　　　　박력분 1/2컵(50g)　　　　　　오이 1/4개(50g)　　　　　　참기름 1/2스푼(5g)
　　　　김밥 김 2장(4g)　　　　　　　조미유부 6장(60g)
　　　　밥 1공기(200g)　　　　　　　식용유 1스푼(10g)

미역 불리기용 물 2.5컵(500ml), 소금 1/2스푼(4g)　　**미역 튀기기용** 식용유 3컵(600g)

만드는 법

STEP 1. 불린 미역에 반죽 입히기

자른 미역은 소금물에 10분간 불린 다음 물기를 빼요.
불린 미역에 연두순 1스푼을 넣어 조물조물 무친 후, 박력분을 골고루 묻혀 준비해요.

STEP 2. 미역튀각 만들기

냄비에 식용유를 넣어 160~170℃로 예열한 후, 반죽한 미역을 넣고 바삭해질 때까지 튀겨요.

STEP 3. 김밥 재료 준비하기

따뜻한 밥에 양념 재료를 넣어 밑간을 해두고 살짝 식혀요.
조미유부는 물기를 짜서 채 썰고 당근과 오이는 6cm 길이로 채 썰어요.

STEP 4. 당근 볶기, 오이 절이기

중불로 예열한 팬에 식용유 1스푼을 두르고 2~3분간 채 썬 당근을 볶다가 연두순 1/2스푼을 넣어 간을 맞춰요.
채 썬 오이는 연두 1스푼을 넣어 5분간 절인 후, 물기를 빼요.

STEP 5. 김 위에 재료 넣고 싸기

김밥 김에 양념한 밥을 넓게 깔고 당근, 오이, 유부, 미역튀각 순으로 넣어 만 다음 한입 크기로 썰면 완성!

TIP 김밥은 2줄 분량이 나와요.

🍳 미역 맛있게 불리기

건미역은 얼마나, 어떻게 불려야 맛있을까요?
원하는 식감을 내려면 얼마만큼 불리면 좋을까요?
여기서 확인해 보세요.

새미's 솔루션

새미네부엌 플랫폼에서
상세히 확인해 보세요-:)

봄에는 달래 떡볶이

☀ 향신채 달래의 향과 바삭쫄깃한 떡의 조화 ☀

인분 수 **1인분**   준비 시간 **10분**   조리 시간 **10분**

재료

주재료 달래 1줌(40g) 　　**양념** 연두순 1스푼(10g)
　　　　조랭이떡 1컵(200g) 　　　　　　식용유 2스푼(20g)

만드는 법

① 

STEP 1. 달래 손질하기

달래는 세척 후 1cm, 길이로 썰어요.

TIP 달래를 고무줄로 묶어 세척하면 뿌리 부분을 한 번에 쉽게 씻을 수 있어요.

② 

STEP 2. 볶아 완성하기

중불로 예열한 팬에 식용유를 두르고, 떡과 달래를 넣어 2~3분간 볶아요.
연두순을 넣어 간하고 떡이 바삭해질 때까지 3~5분 더 볶으면 완성!

새미's 솔루션

🍳 봄나물 손질법 A to Z

봄의 대명사 봄나물.
형태에 따라 손질하는 방법이 각각 달라요,
달래를 포함한 대표 봄나물들의 손질법을 확인해 보세요.

새미네부엌 플랫폼에서
상세히 확인해 보세요-:)

여름에는 애호박 에이드

☀ 풋사과나 참외가 연상되는 청량함! 애호박 청으로 에이드를 만들어 즐겨요 ☀

인분 수 **1인분**   준비 시간 **10분**   조리 시간 **10분**

재료

주재료 애호박 당절임 3스푼(25g)
　　　　 탄산수(무가향) 1/4컵(50g)
　　　　 얼음 1컵(70g)

애호박 당절임 애호박 1/3개(100g)
　　　　　　　　 설탕 10스푼(100g)

만드는 법

① STEP 1. 애호박 준비하기

애호박은 깨끗이 세척해 양끝을 자른 후 0.5cm 두께로 얇게 어슷 썬 다음 다시 얇게 채 썰어요.

TIP 조금 더 부드러운 식감을 원한다면 잘게 다져도 좋아요!

② STEP 2. 애호박 당절임 만들기

썰어둔 애호박과 설탕을 잘 섞은 뒤, 일주일 동안 냉장 보관해 당절임을 완성해요.

③ STEP 3. 애호박 에이드 만들기

잔에 애호박 당절임 3스푼과 탄산수, 얼음을 넣어 섞으면 완성!

TIP 애호박을 걸러 당절임의 액체와 탄산수를 섞으면 건더기 없이 음료만 즐길 수도 있어요.

새미's 솔루션

🍳 **겉바속촉 와플팬 애호박전**

애호박, 밀가루, 달걀, 연두순으로 반죽을 만들어
와플팬에 익히면 신기한 모양이 바사한 애호박전 완성!
색다른 조리법을 구상해 보면 요리가 재밌어져요.

새미네부엌 플랫폼에서
상세히 확인해 보세요-:)

가을에는 새송이 부르스게타

인분 수 **2인분**　준비 시간 **5분**　조리 시간 **10분**

재료

주재료 새송이버섯 2개(100g)
방울토마토 2개(30g)
바질 2장(2g)

부재료 바게트 4조각(50g)

양념 연두순 2스푼(20g)
올리브유 1스푼(10g)

만드는 법

STEP 1. 새송이버섯 전자레인지에 조리하기

새송이버섯을 접시에 넣고 랩을 씌운 후, 전자레인지에서 3분간 (1,000W 기준) 돌려요.

700W 조리 시
4분~4분 30초간 조리해 주세요.

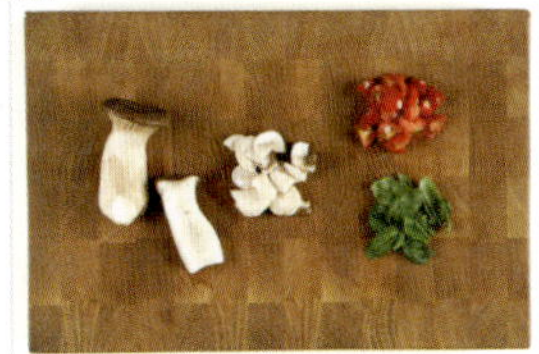

STEP 2. 재료 준비하기

새송이버섯을 실온에서 1분간 식혀주고 원하는 모양으로 1cm 두께로 썰어요.
방울토마토는 8등분, 바질은 잘게 썰어요.

 **TIP** 원형 썰기, 채 썰기 등 새송이버섯을 써는 방법에 따라 브루스게타의 모양도 다양하게 만들 수 있답니다.

STEP 3. 준비한 재료와 양념 버무리기

볼에 새송이버섯, 방울토마토, 바질, 연두순, 올리브유를 넣고 버무려요.

STEP 4. 바게트에 재료 올리기

팬에 바게트를 앞뒤로 바싹 구운 후, 버무린 재료를 올리면 완성!

새미's 솔루션

🍳 **다양한 버섯의 맛**

느타리, 새송이, 양송이, 표고, 팽이버섯 등 자주 먹는 버섯들부터 노루궁뎅이, 만가닥, 목이버섯처럼 알고 먹으면 더 특별한 버섯들까지 배워보세요.

새미네부엌 플랫폼에서
상세히 확인해 보세요-:)

겨울에는 시금치베리베리샐러드

시금치의 연한 잎을 골라 산뜻하고 색다른 샐러드로 즐겨보세요

인분 수 **2인분** 준비 시간 **10분** 조리 시간 **10분**

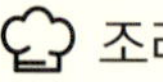

재료

주재료 시금치 1단(300g)

부재료 루꼴라 1줌(30g)
산딸기 1/4컵(30g)
블루베리 1/4컵(30g)
페타치즈 2스푼(20g)

양념 폰타나 발사믹 글레이즈 2스푼(20g)
올리브유 2스푼(20g)

만드는 법

① 

STEP 1. 시금치 손질하기

시금치는 뿌리와 밑동을 제거하고 잎을 낱낱이 갈라준 후, 물에 담가 흔들어 씻으며 이물질을 제거해요.
세척한 시금치는 키친타올로 물기를 제거해 준비해요.

TIP 잎이 연하고 맛이 순한 베이비 시금치 혹은 잎이 두툼하고 단맛이 나는 시금치 품종인 겨울철 섬초를
활용하면 좋아요.

② 

STEP 2. 시금치를 오일에 버무리기

볼에 손질한 시금치와 루꼴라를 넣고 올리브유를 뿌려 버무려요.

③ 

STEP 3. 샐러드 완성하기

그릇에 버무린 시금치와 루꼴라를 올리고 베리류와 치즈, 폰타나 발사믹 글레이즈를 뿌려 완성!

TIP 딸기, 라즈베리 등 원하는 베리류를 활용해도 좋아요.

🧑‍🍳 채소를 더 맛있게 먹는 법

채소는 어떻게 먹어야 더 맛있게 먹을 수 있을까요?
제철 채소를 챙겨 먹고, 채소에 맞는 조리법을 활용해
다양하게 즐겨보세요.

새미's 솔루션

새미네부엌 플랫폼에서
상세히 확인해 보세요-:)

샘표 우리맛 연구에서 시작된 새미네부엌의 요리 솔루션

"우리맛은 무엇일까?"

우리는 매일 요리를 하지만, '우리맛'을 얼마나 알고 있을까요?

새로운 음식과 레시피는 넘쳐나지만
정작 한국인의 밥상은 점점 단순해지고 있습니다.
집밥을 짓는 가구도 10년 사이 크게 줄어들었고,
요리는 더 어렵고 부담스러운 일이 되었어요.

그래서 샘표는 2016년,
'우리 밥상의 기본을 다시 연구하자'는 마음으로
'샘표 우리맛 연구'를 시작했어요.

샘표 우리맛 연구가 찾는 답은 아주 단순합니다.

한국 식재료는 왜 이런 맛이 날까?
간장, 된장, 고추장 등 장은 어떤 역할을 할까?
조리법이 달라지면 왜 맛이 바뀔까?
요리를 어떻게 하면 더 쉽고 실패 없이 만들 수 있을까?

'샘표 우리맛 연구'는 이 질문들에 답하며,
우리 일상 요리의 구성 요소인 식재료, 조리법, 장 연구를 통해
누구나 요리를 즐겁고 맛있고 건강하게 할 수 있도록
요리하는 문화를 이끌어 갑니다.

"어떻게 연구하고, 누가 연구할까?"

샘표 우리맛 연구원은 이렇게 구성되어 있어요.

- ✅ 조리과학·식품영양 전문가
- ✅ 셰프
- ✅ 식품공학·향미분석 과학자
- ✅ 식문화 학자

한국 음식의 기초를 새롭게 해석하기 위해 4가지 분야의 전문가들로 구성되어 있어요.

샘표 우리맛 연구 방법론(Culinary research method)

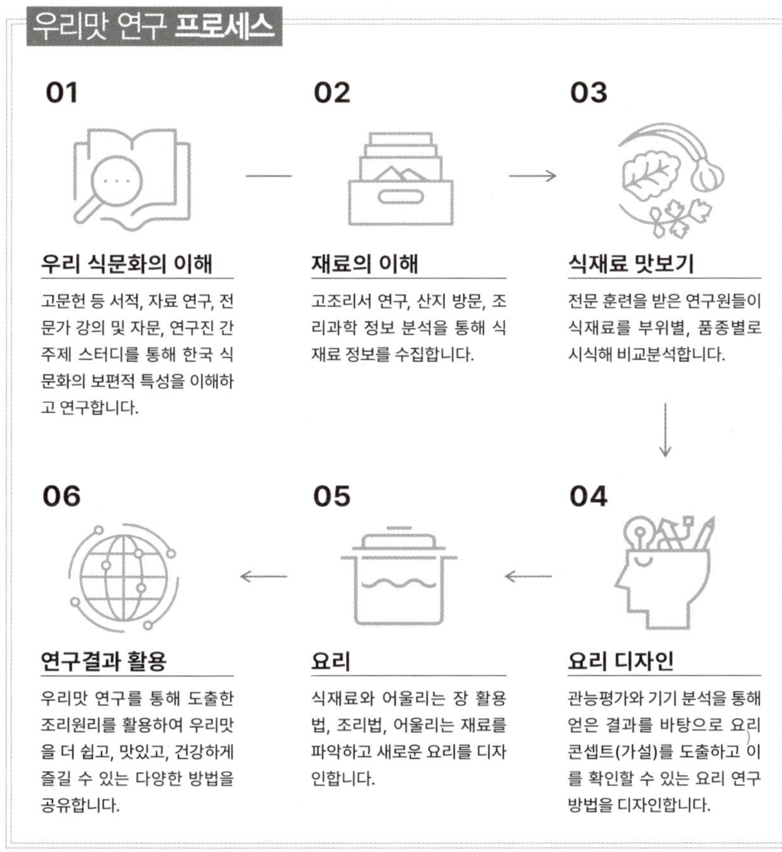

변수를 통제하고 원인을 분석하여 가설을 입증하는 '우리맛 연구 방법론'이라는 프로세스를 통해 다양한 관점에서 한식을 분석하며 우리맛을 과학적으로 연구하고 있어요.

식재료를 이해하기 위해 고조리서와 옛 문헌을 통해 전통 식재료 활용법을 조사하고 맛과 향을 분석해요. 이를 통해 요리 연구 방법을 개발하고 다양한 조리법과 조리 과정도 연구해요.

"샘표 우리맛 연구, 더 깊이 알고 싶다면?"

기본 채소부터 봄나물, 버섯, 해조류까지,
총 51가지 식재료 연구 결과를 확인해 보세요.

한국인이 자주 사용하는 식재료를 중심으로,
제철·손질법·보관법부터 맛과 향미, 조리법, 장 페어링까지
식재료의 다양한 특성을 누구나 쉽게 이해할 수 있도록
샘표 공식 홈페이지에서 연구 결과를 공개하고 있어요.

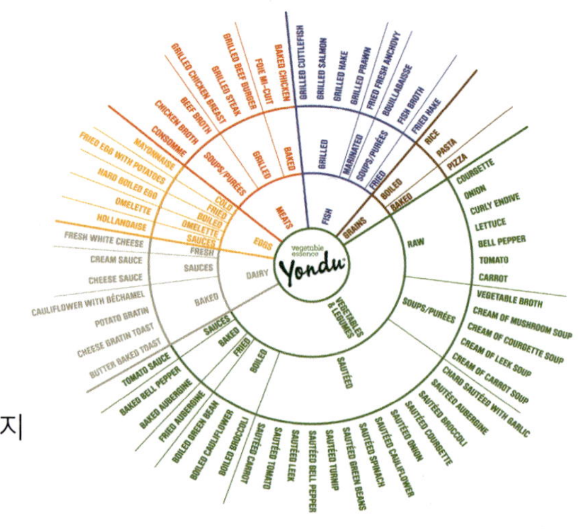

샘표 우리맛 연구 결과는 아래 5가지 형태로 정리되어 있어요.

① 기본 정보

제철, 손질법, 보관법부터 어떤 맛을 지니고 어떤 요리에
잘 어울리는지 기초 정보 제공

② 맛과 향미 변화 분석

가열/비가열 등 조리법에 따라 맛과 향이 어떻게 달라지는지
과학적으로 분석

③ 식재료 페어링

다른 식재료와 함께 썼을 때 나타나는 향미의 시너지,
조합에 따른 맛의 효과

④ 장 페어링

장류(간장·된장·고추장·연두)와 만났을 때 나타나는
풍미의 변화, 맛을 극대화하는 조합과 원리 소개

⑤ 연구 기반 레시피 제안

연구 결과를 바탕으로 만든 색다른 레시피와
조리 팁 제공

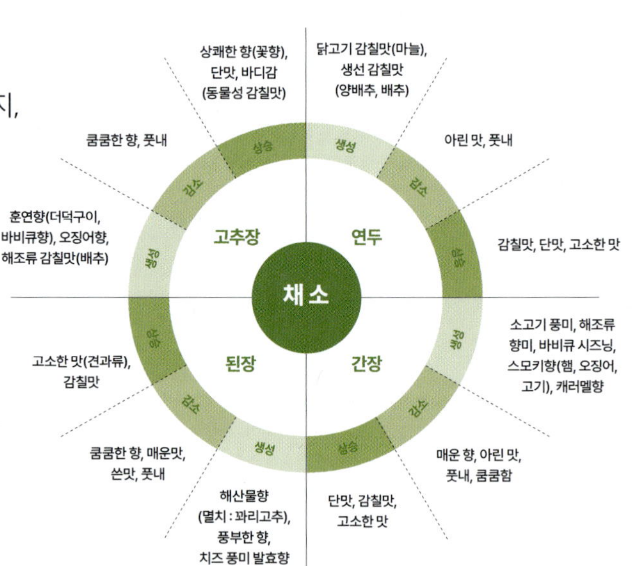

"샘표 우리맛 연구 결과, 직접 확인해보세요"

샘표는 앞으로도 한국 식재료의 다양한 풍미를 발견하고,
누구나 실생활에서 활용할 수 있는 요리 솔루션으로 연결해
우리의 식탁이 더 맛있고 즐거워질 수 있도록,
한국 식문화의 깊이를 넓히는 연구를 계속 이어나갈 예정이에요.

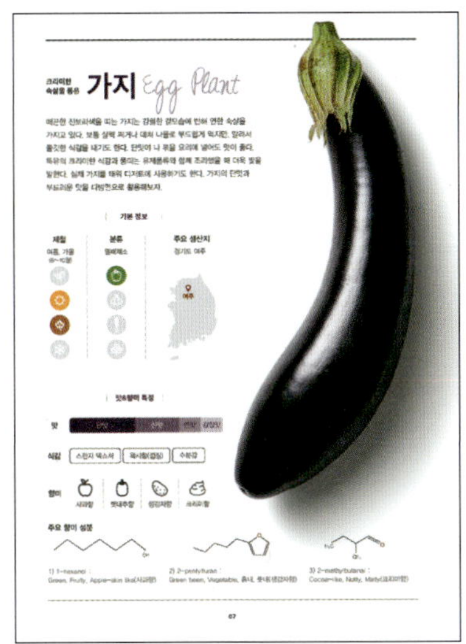

▶ 샘표 우리맛 연구 결과
  확인하러 가기!

한글을 배우기 좋은 나이 5~7세,
요리를 배우기 좋은 나이 10~13세!

새미네부엌은 전국의 초등학교 어린이에게
즐거운 요리 경험을 선물합니다.

"멸치는 싫어요! 고기만 먹을래요!"
"요리는 어른들만 하는 거 아니에요?"
아이들이 요리를 놀이처럼 즐겁게 할 수 있다면 얼마나 좋을까요?

직접 재료를 고르고, 만지고, 맛을 보며
자연스럽게 식재료와 친해지고
스스로 끓이고, 굽고, 섞는 요리 과정을 통해
'나도 했다!'는 성취감과 자신감을 경험합니다.

또, 직접 만든 음식을 가족과 나누는 과정에서
자연스럽게 유대감이 형성되고
따뜻한 식탁의 기억이 만들어집니다.

아이들에게 놀이터가 되는
즐거운 요리의 시작,
새미와 즐겁게 요리해!

새미네부엌은 이 즐거움이 아이들에게
꼭 필요한 경험이라고 믿습니다.

그래서 전국의 교육지원청·초등학교들과 협업해
많은 초등학교 아이들이 요리할 수 있도록
'즐겁게 요리해!' 캠페인을 운영합니다.

"요리하면 생기는 즐거운 변화"

- ✓ 내가 만든 요리로 얻는 자신감과 성취감
- ✓ 오감을 사용하며 스스로 탐구해보는 시간
- ✓ 논리력·관찰력·표현력 발달
- ✓ 몰입과 집중의 즐거움 경험
- ✓ 수·과학적 사고력 향상
- ✓ 편식 없이 더 건강한 식습관 형성
- ✓ 가족·친구와 나누는 따뜻한 경험

▶ 새미네부엌 즐겁게 요리해 캠페인

새미네부엌을 더 즐겁게 경험하세요!

새미네부엌 플랫폼

요리 초보를 위한 레시피부터 우리맛 연구 솔루션까지!

약 800여 개의 콘텐츠를 바로 만나보세요

새미네부엌
플랫폼
바로가기

인스타그램 @semie_kitchen

요리 레시피, 팁, 이벤트, 행사까지

새미네부엌 활동을 가장 빠르게 만날 수 있는 인스타그램 채널

새미네부엌
인스타그램
바로가기

브런치 @semie-cooking

일상 이야기 속 요리 이야기,

조금 더 깊고 여유 있게 읽는 레시피

새미네부엌
브런치
바로가기

X @sempio_official

샘표와 새미네부엌 소식을

가볍고 생생하게 전달하는 소셜 채널

새미네부엌
X
바로가기

새미네부엌 냉장고에는 어떤 재료들이 있을까요?
새미가 자주 사용하는 재료들로 만들 수 있는 요리들을 알아봐요!

함께 차리는 신혼부부 집밥 안내서

요리를 잘하는 사람, 못하는 사람

면파 vs 밥파

매운 요리 vs 슴슴한 요리

서로 다른 입맛과 요리 환경에서 살아온 둘이 만나

새로운 부엌을 마주할 때

어떻게 요리하면 좋을지 고민했다면?

이렇게 요리해 보세요.

계란볶음밥	된장찌개	고추장돼지주물럭	매콤 계란찜	파김치

마라훠궈&백탕훠궈	감자전	양송이 치즈구이	어묵탕	치킨 퀘사디아	김치콩나물국

카프레제 샐러드	스페인 감자 오믈렛	라구소스	판 콘 토마테	흑임자 두부샐러드	시금치크림떡볶이

손님초대요리 첫걸음	라따뚜이	커리부어스트	어향가지	육회	스프레드 크림치즈보드

아이와 함께 크는 집밥 안내서

우리 아이를 위한 요리

항상 고민되는 아이 밥상에는 이렇게 요리해요.

입 짧은 아이, 편식하는 아이,

아침 안 먹는 아이, 간식만 좋아하는 아이…

그 모든 걱정을 녹여내는 아이 맞춤 레시피로

부모도, 아이도 행복한 식탁을 만들어봐요.

아이와 함께 만들 수 있는 요리

떠먹는 감자피자	라이스페이퍼말이	참치두부주먹밥	밥알전	땅콩버터 컵케이크

돌밥돌밥, 방학을 견디는 뚝딱 요리

카레볶음밥	짜장떡볶이	돈가스덮밥	치즈밥버거	치킨 스낵랩	아이를 위한 냉동밀키트

달걀로 완성하는 매일 요리

계란빵	계란밥전	순두부그라탕	계란말이	간장계란밥

성장기 아이를 위한 튼튼 요리

참치마요덮밥	브로콜리 유부초밥	두부달걀전	두부스테이크	계란말이김밥

혼자서도 잘 챙겨먹는 1인 집밥 안내서

혼자 살다 보면
냉장고 속 재료가 줄지 않아 고민이죠.
간단히 먹을지, 제대로 차릴지 망설여질 때,
혼자 먹는 일상에 맞춰
조리 부담은 줄이고,
식재료 활용도는 높이는 방식을 알려드릴게요.

토마토 달걀 볶음	양배추참치덮밥	애호박 두부면 볶음	쉬림프 로제파스타	두부브로콜리수프	우삼겹 숙주찜

키마커리	큐브 김치볶음	참치장	돼지고기 다짐육볶음	계란장	햄치즈계란 토스트

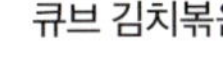      

스크램블 케찹계란밥	훈제오리 덮밥	찜 연어덮밥	국물국수	돼지국밥

야채볶음밥	시추안 불짜장	남은 가공식품 보관법	냉장고 정리법으로 알뜰하게 식단 짜기	1인 가구를 위한 요리 꿀팁

초판 1쇄 발행 2026년 3월 20일

지은이 새미네부엌
펴낸곳 ㈜골드앤에스
펴낸이 양홍걸

홈페이지 siwonbooks.com
블로그 · 인스타 · 페이스북 siwonbooks
주소 서울시 영등포구 영신로 166 시원스쿨
구입 문의 02)2014-8151
고객센터 02)6409-0878

ISBN 979-11-94687-51-1 13590

시원북스는 ㈜골드앤에스의 단행본 브랜드입니다.

독자 여러분의 투고를 기다립니다.
책에 관한 아이디어나 투고를 보내주세요.
siwonbooks@siwonschool.com